U0334522

同济博士论丛
TONGJI Dissertation Series

总主编 伍 江 副总主编 雷星晖

洪 丽 顾祥林 著

骨料表面粗糙度及骨料形状
对混凝土力学性能的影响

Influences of Surface Roughness and Shape
of Coarse Aggregates on Mechanical
Properties of Concrete

同济大学 出版社
TONGJI UNIVERSITY PRESS

内 容 提 要

本书以混凝土材料为研究对象，以粗骨料表面粗糙度、轴长比及棱角性对混凝土力学性能影响为研究目标，通过界面力学性能试验、混凝土材料力学性能试验和基于离散单元法的混凝土细观数值分析，研究粗骨料的表面粗糙度和形状对混凝土材料宏观力学性能的影响。本书适合相关专业高校师生、研究人员阅读。

图书在版编目(CIP)数据

骨料表面粗糙度及骨料形状对混凝土力学性能的影响/洪丽，顾祥林著. —上海：同济大学出版社，2018.10
（同济博士论丛/伍江总主编）
ISBN 978 - 7 - 5608 - 8146 - 1

Ⅰ. ①骨… Ⅱ. ①洪… ②顾… Ⅲ. ①骨料—影响—混凝土结构—力学性能—研究 Ⅳ. ①TU528.041
②TU370.1

中国版本图书馆 CIP 数据核字(2018)第 208287 号

骨料表面粗糙度及骨料形状对混凝土力学性能的影响
洪 丽 顾祥林 著
出品人 华春荣 责任编辑 王有文 熊磊丽
责任校对 谢卫奋 封面设计 陈益平

出版发行 同济大学出版社 www.tongjipress.com.cn
（地址：上海市四平路 1239 号 邮编：200092 电话：021 - 65985622）
经 销 全国各地新华书店
排版制作 南京展望文化发展有限公司
印 刷 浙江广育爱多印务有限公司
开 本 787 mm×1092 mm 1/16
印 张 14
字 数 280000
版 次 2018 年 10 月第 1 版 2018 年 10 月第 1 次印刷
书 号 ISBN 978 - 7 - 5608 - 8146 - 1

定 价 76.00 元

本书若有印装质量问题，请向本社发行部调换 版权所有 侵权必究

"同济博士论丛"编写领导小组

组　　　长：杨贤金　钟志华

副　组　长：伍　江　江　波

成　　　员：方守恩　蔡达峰　马锦明　姜富明　吴志强
　　　　　　徐建平　吕培明　顾祥林　雷星晖

办公室成员：李　兰　华春荣　段存广　姚建中

"同济博士论丛"编辑委员会

总　主　编：伍　江

副总主编：雷星晖

编委会委员：（按姓氏笔画顺序排列）

丁晓强	万　钢	马卫民	马在田	马秋武	马建新
王　磊	王占山	王华忠	王国建	王洪伟	王雪峰
尤建新	甘礼华	左曙光	石来德	卢永毅	田　阳
白云霞	冯　俊	吕西林	朱合华	朱经浩	任　杰
任　浩	刘　春	刘玉擎	刘滨谊	闫　冰	关佶红
江景波	孙立军	孙继涛	严国泰	严海东	苏　强
李　杰	李　斌	李风亭	李光耀	李宏强	李国正
李国强	李前裕	李振宇	李爱平	李理光	李新贵
李德华	杨　敏	杨东援	杨守业	杨晓光	肖汝诚
吴广明	吴长福	吴庆生	吴志强	吴承照	何品晶
何敏娟	何清华	汪世龙	汪光焘	沈明荣	宋小冬
张　旭	张亚雷	张庆贺	陈　鸿	陈小鸿	陈义汉
陈飞翔	陈以一	陈世鸣	陈艾荣	陈伟忠	陈志华
邵嘉裕	苗夺谦	林建平	周　苏	周　琪	郑军华
郑时龄	赵　民	赵由才	荆志成	钟再敏	施　骞
施卫星	施建刚	施惠生	祝　建	姚　熹	姚连璧

袁万城　莫天伟　夏四清　顾　明　顾祥林　钱梦騄
徐　政　徐　鉴　徐立鸿　徐亚伟　凌建明　高乃云
郭忠印　唐子来　阎耀保　黄一如　黄宏伟　黄茂松
戚正武　彭正龙　葛耀君　董德存　蒋昌俊　韩传峰
童小华　曾国苏　楼梦麟　路秉杰　蔡永洁　蔡克峰
薛　雷　霍佳震

秘书组成员： 谢永生　赵泽毓　熊磊丽　胡晗欣　卢元姗　蒋卓文

总　序

在同济大学 110 周年华诞之际，喜闻"同济博士论丛"将正式出版发行，倍感欣慰。记得在 100 周年校庆时，我曾以《百年同济，大学对社会的承诺》为题作了演讲，如今看到付梓的"同济博士论丛"，我想这就是大学对社会承诺的一种体现。这 110 部学术著作不仅包含了同济大学近 10 年 100 多位优秀博士研究生的学术科研成果，也展现了同济大学围绕国家战略开展学科建设、发展自我特色，向建设世界一流大学的目标迈出的坚实步伐。

坐落于东海之滨的同济大学，历经 110 年历史风云，承古续今、汇聚东西，秉持"与祖国同行、以科教济世"的理念，发扬自强不息、追求卓越的精神，在复兴中华的征程中同舟共济、砥砺前行，谱写了一幅幅辉煌壮美的篇章。创校至今，同济大学培养了数十万工作在祖国各条战线上的人才，包括人们常提到的贝时璋、李国豪、裘法祖、吴孟超等一批著名教授。正是这些专家学者培养了一代又一代的博士研究生，薪火相传，将同济大学的科学研究和学科建设一步步推向高峰。

大学有其社会责任，她的社会责任就是融入国家的创新体系之中，成为国家创新战略的实践者。党的十八大以来，以习近平同志为核心的党中央高度重视科技创新，对实施创新驱动发展战略作出一系列重大决策部署。党的十八届五中全会把创新发展作为五大发展理念之首，强调创新是引领发展的第一动力，要求充分发挥科技创新在全面创新中的引领作用。要把创新驱动发展作为国家的优先战略，以科技创新为核心带动全面创新，以体制机制改革激发创新活力,以高效率的创新体系支撑高水平的创新型国家建设。作为人才培养和科技创新的重要平台,大学是国家创新体系的重要组成部分。同济大学理当围绕国家战略目标的实现,作出更大的贡献。

大学的根本任务是培养人才,同济大学走出了一条特色鲜明的道路。无论是本科教育、研究生教育,还是这些年摸索总结出的导师制、人才培养特区,"卓越人才培养"的做法取得了很好的成绩。聚焦创新驱动转型发展战略,同济大学推进科研管理体系改革和重大科研基地平台建设。以贯穿人才培养全过程的一流创新创业教育助力创新驱动发展战略,实现创新创业教育的全覆盖,培养具有一流创新力、组织力和行动力的卓越人才。"同济博士论丛"的出版不仅是对同济大学人才培养成果的集中展示,更将进一步推动同济大学围绕国家战略开展学科建设、发展自我特色、明确大学定位、培养创新人才。

面对新形势、新任务、新挑战,我们必须增强忧患意识,扎根中国大地,朝着建设世界一流大学的目标,深化改革,勠力前行!

万 钢

2017 年 5 月

论丛前言

承古续今,汇聚东西,百年同济秉持"与祖国同行、以科教济世"的理念,注重人才培养、科学研究、社会服务、文化传承创新和国际合作交流,自强不息,追求卓越。特别是近20年来,同济大学坚持把论文写在祖国的大地上,各学科都培养了一大批博士优秀人才,发表了数以千计的学术研究论文。这些论文不但反映了同济大学培养人才能力和学术研究的水平,而且也促进了学科的发展和国家的建设。多年来,我一直希望能有机会将我们同济大学的优秀博士论文集中整理,分类出版,让更多的读者获得分享。值此同济大学110周年校庆之际,在学校的支持下,"同济博士论丛"得以顺利出版。

"同济博士论丛"的出版组织工作启动于2016年9月,计划在同济大学110周年校庆之际出版110部同济大学的优秀博士论文。我们在数千篇博士论文中,聚焦于2005—2016年十多年间的优秀博士学位论文430余篇,经各院系征询,导师和博士积极响应并同意,遴选出近170篇,涵盖了同济的大部分学科:土木工程、城乡规划学(含建筑、风景园林)、海洋科学、交通运输工程、车辆工程、环境科学与工程、数学、材料工程、测绘科学与工程、机械工程、计算机科学与技术、医学、工程管理、哲学等。作为"同济博士论丛"出版工程的开端,在校庆之际首批集中出版110余部,其余也将陆续出版。

博士学位论文是反映博士研究生培养质量的重要方面。同济大学一直将立德树人作为根本任务,把培养高素质人才摆在首位,认真探索全面提高博士研究生质量的有效途径和机制。因此,"同济博士论丛"的出版集中展示同济大学博士研究生培养与科研成果,体现对同济大学学术文化的传承。

"同济博士论丛"作为重要的科研文献资源,系统、全面、具体地反映了同济大学各学科专业前沿领域的科研成果和发展状况。它的出版是扩大传播同济科研成果和学术影响力的重要途径。博士论文的研究对象中不少是"国家自然科学基金"等科研基金资助的项目,具有明确的创新性和学术性,具有极高的学术价值,对我国的经济、文化、社会发展具有一定的理论和实践指导意义。

"同济博士论丛"的出版,将会调动同济广大科研人员的积极性,促进多学科学术交流、加速人才的发掘和人才的成长,有助于提高同济在国内外的竞争力,为实现同济大学扎根中国大地,建设世界一流大学的目标愿景做好基础性工作。

虽然同济已经发展成为一所特色鲜明、具有国际影响力的综合性、研究型大学,但与世界一流大学之间仍然存在着一定差距。"同济博士论丛"所反映的学术水平需要不断提高,同时在很短的时间内编辑出版110余部著作,必然存在一些不足之处,恳请广大学者,特别是有关专家提出批评,为提高同济人才培养质量和同济的学科建设提供宝贵意见。

最后感谢研究生院、出版社以及各院系的协作与支持。希望"同济博士论丛"能持续出版,并借助新媒体以电子书、知识库等多种方式呈现,以期成为展现同济学术成果、服务社会的一个可持续的出版品牌。为继续扎根中国大地,培育卓越英才,建设世界一流大学服务。

伍 江

2017 年 5 月

前　言

在细观层次上,混凝土通常被视为由水泥砂浆、粗骨料及二者间界面组成的复合材料。已有试验研究结果表明,混凝土材料的宏观力学性能与其细观组分密切相关。因此,在细观尺度范围内进行混凝土破坏过程的研究对于了解混凝土材料的宏观力学性能及破坏机制是非常有用的。本书以混凝土材料为研究对象,通过试验及数值模拟,研究粗骨料的表面粗糙度和形状对混凝土材料宏观力学性能的影响。主要工作与研究成果如下:

利用三维光学扫描系统对具有不同表面粗糙度的岩石和粗骨料进行测量。结果发现,花岗岩碎石粗骨料的表面粗糙度服从 $X \sim N(446.7, 19431.2)$ 的正态分布,而玄武岩碎石粗骨料的表面粗糙度服从 $X \sim LN(5.4, 0.3)$ 的对数正态分布。

分别采用具有不同表面粗糙度的花岗岩、玄武岩及石灰岩模拟混凝土中的粗骨料,用于界面粘结性能的研究。采用 SHJ-40 型拉拔仪检测获得不同骨料表面粗糙度下的界面粘结抗拉强度。采用带有不同表面粗糙度骨料的界面粘结抗剪试件获得不同表面粗糙度下界面的内摩擦角和内黏聚力。结果发现,界面粘结抗拉强度随着骨料表面粗糙度的增加而增加,并最终趋于恒定值;当压应力比(界面法向压应力与水泥砂浆轴心受压强度之比)不超过 0.6 时,界面抗剪强度随骨料表面粗糙度的增大而提高,但提高幅度不断降低;界面内摩擦角介于 30°~40° 之间。对结果进行比较还发现,花岗岩骨料与水泥砂浆间界面的粘结抗拉及抗剪强度最高,其次是石灰岩骨料,而玄武岩骨料最低。基于回归分析,分别建立了界面粘结抗拉强度、界面内黏聚力与各种岩石骨料表面粗糙度之间的关系。基于统计分析发现花岗岩、玄武岩粗骨料与水泥砂浆间界面的粘结抗拉强度和内黏聚力均服从 Weibull 分布。

采用高硼硅玻璃制作具有不同表面粗糙度的球形粗骨料,用于制作混凝土试件。根据混凝土材料力学性能试验结果发现,混凝土的劈裂抗拉强度、轴心受压强度、弹性模量及泊松比均随粗骨料表面粗糙度的增加而提高,但提高幅度不断降低。

基于数字图像技术对花岗岩碎石粗骨料的形状参数和棱角性参数进行了统计分析,发现骨料轴长比 AR 及棱角性参数 Angularity 可作为同组参数分别表征粗骨料的轮廓形状和棱角性而不相互影响。统计结果还表明,花岗岩碎石粗骨料的轴长比 AR 服从 $X \sim LN(0.293, 0.028)$ 的对数正态分布,而棱角性参数 Angularity 服从 $X \sim N(1.137, 0.033)$ 的正态分布。

采用高硼硅玻璃加工了具有相同表面粗糙度、不同轴长比 AR 及棱角性参数 Angularity 的粗骨料,并用其制作混凝土试件。通过混凝土材料力学性能试验发现,随着骨料轴长比 AR 或棱角性参数 Angularity 的增加,混凝土的劈裂抗拉强度、轴心受压强度、弹性模量及泊松比均有所降低。

完善了应用离散单元法进行混凝土材料破坏过程分析时所采用的二维细观力学模型。模型假设混凝土是由水泥砂浆、粗骨料及二者间界面组成的三相复合材料。在模型中实现了椭圆形骨料、正多边形骨料及任意多边形骨料的随机生成。

利用数值模型对混凝土材料的破坏过程进行了数值分析,分别研究了骨料表面粗糙度 R_a、轴长比 AR 及棱角性参数 Angularity 对混凝土力学性能的影响,并将数值结果与试验结果进行了比较。结果表明,所开发的数值模型可以较真实地反映骨料表面粗糙度、轴长比及棱角性参数对混凝土材料宏观力学性能的影响。

　　通过数值模拟以及统计分析发现,粗骨料表面粗糙度、轴长比或棱角性的不均匀性对混凝土材料的各项力学性能指标都有较大影响,并使得混凝土的轴心受拉强度、轴心受压强度、弹性模量及泊松比均呈正态分布。

　　基于细观尺度研究各组分对混凝土的力学行为的影响是一个非常复杂的问题。本书的工作只是对粗骨料相的影响进行了基础性和探索性的研究,对混凝土材料的细观研究现状进行了必要的补充。但为获得更为理想的结果,须将二维力学模型向三维力学模型进行拓展,为混凝土细观研究提供更好的辅助工具。

目　录

第1章
引 言

1.1 课 题 背 景

混凝土是现代土木、水利、交通等工程中应用最广泛也是最重要的材料。它是一种由粗细骨料、水泥水化产物、未水化水泥颗粒、孔隙及裂缝等组成的复合材料,其力学性能受材料本身物理组成、受力状态以及环境条件等各方面的影响。一般根据特征尺寸和研究方法的侧重点不同,主要将混凝土内部结构分为微观、细观和宏观三个尺度(图 1-1)[1]。

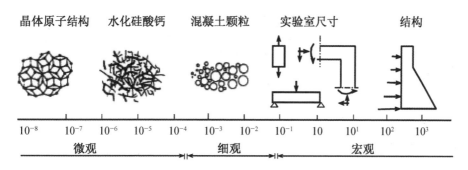

图 1-1 混凝土的层次结构示意图[1]

微观尺度(Micro-level)所研究的单元尺度通常在原子、分子量级,即 $10^{-8} \sim 10^{-4}$ m,着眼于水泥水化物的微观结构(性能)分析。在这一数量级范围内的结构单元可用电子显微镜等技术观察分析,是水泥化学研究的范畴。

细观尺度(Meso-level)下混凝土被视为由粗骨料、硬化水泥砂浆及二者间界面过渡区等组成的多相复合材料,所研究的单元尺寸范围在 $10^{-4} \sim 10^{-1}$ m。混凝土在细观层次为典型的非均质材料,其细观组分直接影响到混凝土的宏观力学性能。

　　宏观尺度(Macro-level)下混凝土材料被视为均质性材料,通过混凝土宏观力学模型及试验获得混凝土材料的力学参数和宏观本构关系,并以此为基础对混凝土结构进行分析。这种研究方法对于工程问题的研究是非常重要的,往往能够使人们对工程结构的均匀变化状态有一个总体上的认识,通常作为工程设计的依据。但该尺度的研究无法揭示混凝土内部结构、组成与力学性能之间的关系。

　　Wittmann[1]最先将这种三尺度的研究方法应用到混凝土材料的研究中,并认为某一尺度下材料的力学性质可以借助于更低一层次尺度下的结构特征加以解释。因此,对混凝土细观组分进行研究有助于从机理上了解混凝土的宏观力学性能,并对研发高性能混凝土、合理设计混凝土材料以及根据工程特点充分利用混凝土的长处、避开混凝土的短处提供理论上的指导。因此,对混凝土性能除了从宏观的角度进行研究外,更关键的还应从混凝土细观结构入手,以找出混凝土内部结构与宏观特性之间的必然联系。

1.2　混凝土材料细观尺度研究现状

1.2.1　细观力学研究方法

　　在细观层次上,混凝土通常被视为由水泥砂浆、粗骨料及二者间界面过渡区组成的多相复合材料。混凝土细观力学的核心任务是建立混凝土宏观力学性能与其组分性能及其细观结构之间的定量关系,并揭示混凝土材料在一定工况下的响应规律及其本质,为混凝土材料的优化设计、性能评估提供必要的理论依据及手段。

　　在细观尺度内进行混凝土材料破坏过程的研究需要将试验、理论分析和数值计算等方面相结合。其中试验结果可以为细观力学研究提供基本计算参数及检验判断标准;理论研究可以总结出细观力学的基本原理和理论模型。另外,在细观层次上对混凝土进行数值模拟有助于从机理上理解混凝土的各种力学性能及其宏观实验现象(如破坏过程等),并且能够避开试验机特性对试验结果的影响。

　　国内外对混凝土力学性能的研究已逐步从宏观尺度转向了细观尺度,即从骨料、砂浆基质及界面层三相出发,研究不同组分对混凝土力学性能的影响。尽管各学者都做了很多研究,但除了水泥砂浆外,有关骨料及界面对混凝土力学性能的影响还了解得不够。

1.2.2　界面对混凝土力学性能影响研究现状

Mindess[2-3]最先意识到水泥基复合材料的界面问题。由于法国"二战"后建立起来的大坝、地下结构以及电站等大部分出现严重的开裂,许多学者从多方面寻找原因。Farran[4]从岩石力学、矿物学以及晶体学等多方面调研后发现,问题出在水泥砂浆和骨料之间的区域——界面过渡区(Interfacial Transition Zone),与砂浆基体相比,该区域的水化产物结构疏松,强度较低。现代混凝土微观结构实验已经证实,混凝土中骨料附近的水泥浆微观结构与远离骨料的水泥浆微观结构有着本质的区别[5]。目前,大多数学者认为,边壁效应(wall effect)是界面过渡区形成的主要原因,即在混凝土浇筑过程中,由于骨料边界(可视为壁面)的存在,使得其周围的水泥颗粒在空间排列比较松散(图 1-2),界面的孔隙率和水灰比大大高于远离骨料的水泥浆基体的孔隙率和水灰比,从而形成界面过渡区[6]。而次要原因是在混凝土振捣成型过程中,泛浆所导致的水积聚在骨料周围[6]。

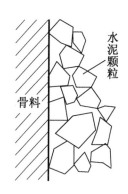

图 1-2　边壁效应(Wall effect)

由于界面自身的特点,很多学者就界面强度对混凝土宏观力学性能的影响进行了研究,表 1-1 总结了近年来的主要研究成果。通过总结,发现各学者在界面是否影响混凝土力学性能上的结论上并不一致,如 Akçaoğlu[7-9]认为,界面过渡区是混凝土的薄弱环节,而 Rangaraju 等[10]则持相反意见。这可能是因为试验中很难保证其他因素不变而单独改变界面结构。

表 1-1　界面强度对混凝土宏观力学性能的影响

研究学者	方　法	结　　论
Darwin(1995)[11]	总结分析前人研究成果	认为控制混凝土抗压强度的因素是各组分的强度,而不是界面粘结强度
Bentur 等(2000)[12]		ITZ 结构及其性能变化对混凝土强度的影响通常不超过 20%～30%
Prokopski(2000)[13]	试验	采用石蜡对白云石和卵石粗骨料表面进行处理,结果发现相应的混凝土的抗压强度降低了 50%

研究学者	方 法	结 论
Akçaoğlu(2002~2005)[7-9]	SEM 试验	混凝土内部裂缝开展在很大程度上受界面力学性能的影响
Rangaraju 等(2010)[10]	试验	通过不同集料的粒径来改变混凝土中的集料的间距及界面区厚度,试验结果表明骨料间距及界面力学性能对混凝土宏观力学性能没有影响
Morin 等(2011)[14]	试验	对混凝土粗骨料涂抹一层聚合物,通过受弯试验发现混凝土的抗拉性能及弹性模量下降,且穿透骨料内部的裂缝减少,大部分沿界面开展绕过骨料
van Mier 等(1999)[17]	数值试验	当界面粘结强度提高 10 倍时,抗剪强度提高了 30%~35%。因此,基体强度是控制混凝土强度的主要因素
Mohamed 等(1999)[18]	数值试验	当界面力学性能在基体性能的 60% 以下时,混凝土的承载能力明显降低;当超过 60% 时,混凝土内部裂缝出现在基体而不是界面;比值大于 0.8 则骨料强度对混凝土起重要作用

　　细观力学模型中混凝土通常被看成是由骨料、砂浆及二者界面层三相组成的复合材料,在进行混凝土破坏过程的数值计算时,需要定义各相组成的力学性质(包括弹性模量、强度、本构关系及破坏准则),而这些性质必须通过试验确定。因此,除了砂浆、骨料,很多学者对界面自身力学性能也进行了大量研究。目前确定界面力学性能的方法主要有两种[17]:宏观试验和逆向建模。目前测定界面力学性能的试验方法尚未统一,试件一般由骨料、砂浆和界面组合而成,如图 1-3 和图 1-4 所示。大多数试验均以测界面粘结强度、变形或断裂韧度为目的,对界面的本构关系或破坏准则研究较少。值得注意的是,宏观试验测定的是被放大了的界面的力学性能,且认为界面力学性能沿界面是连续且均匀的,这与实际混凝土中界面过渡区不符,因此,基于宏观力学试验所得到的界面性能仅仅是平均意义上的值[17]。借助电子显微镜等获取实体混凝土试件(一般骨料形状、种类比较简单)内部数据信息,然后在计算机 2D 或 3D 环境中重新生成该模型,通过数值计算获得界面的力学性能,这种方法被称为逆向建模(inverse modelling)。该方法必须保证所建立的数值模型足够精确(如内部裂缝开展,破坏模式等必须符合实际),才能获得较真实的细观上的界面性能。但是数值计算结果直接受到所选取的各组相(砂浆、骨料和界面)的力学参数的影响,而这些力学参数通常来自试验结果或经验取值,因此该方法又

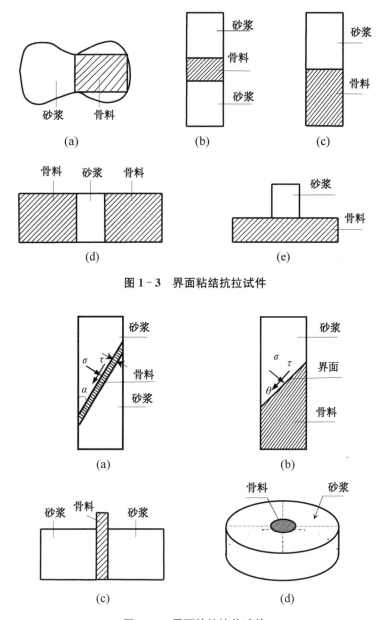

图 1-3 界面粘结抗拉试件

图 1-4 界面粘结抗剪试件

依赖于宏观试验结果。

　　根据已有的研究成果,影响界面力学性能的主要因素包括水泥砂浆的种类、水灰比、骨料的表面粗糙度、骨料种类及水泥砂浆龄期[19]。表 1-2 统计了界面宏观力学性能的主要研究成果。

表 1-2　界面力学性能的研究成果

试　件	研究学者	结　　论	优点及不足
图 1-3(a)	Hsu and Slate (1963)[19]	界面粘结抗拉强度随水泥砂浆水灰比的增加而降低,约为水泥砂浆强度的 40%～60%,且在一定范围内,骨料表面粗糙度对粘结抗拉强度影响不大	所设计的试件难以实现轴心受拉[19];未对粗糙度进行量化
图 1-4(a)	Taylor and Broms (1964)[20]	界面抗剪强度随界面法向压应力的增加而增加,且不受砂浆水灰比的影响	未对更大正应力下的界面剪应力进行研究
图 1-4(b)	Kosaka 等 (1975)[21-23]	界面粘结抗弯强度随水泥砂浆水灰比的增大有小幅度下降;界面粘结抗剪强度随骨料表面粗糙度的增加而增大	通过对骨料表面进行刻痕,获得不同的表面粗糙度,但是未对粗糙度进行量化
图 1-3(b) 图 1-4(c)	刘元湛等 (1988)[24]	水灰比与界面粘结抗拉、抗剪强度均呈负线性相关关系,且界面粘结抗拉强度为抗剪强度的 2～3 倍	试验对骨料表面进行了打磨处理,所得到的界面粘结抗剪强度偏低
图 1-3(d)	Tasong 等 (1999)[25]	砂浆与不同骨料材质之间的界面粘结抗拉强度不同	界面力学性能与骨料材质有关
图 1-3(a) 图 1-3(b) 图 1-4(b)	Rao 等 (2002)[26]	砂浆与粗糙骨料界面的抗拉强度为砂浆抗拉强度的 1/3;而与光滑骨料之间的强度只有 1/20～1/10;界面抗剪强度随骨料粗糙度及界面正应力的增加而增加	未对更大的界面法向正应力进行研究
图 1-4(d)	Aquino 等 (1995)[27]	通过 push-out 试验获得了界面粘结荷载-位移关系曲线,骨料表面积对界面粘结抗剪强度、刚度几乎无影响	所采用的试件无法获得压力对抗剪强度的影响
	Caliskan (2003)[28]	添加硅粉在一定程度上会提高界面粘结抗剪强度	
图 1-3(e) 图 1-4(b)	Gu 等 (2013)[29]	在一种粗糙度下,界面粘结抗拉强度为砂浆抗压强度的 1/2;界面粘结抗剪强度与砂浆抗压强度相近;建立了界面受力破坏准则	量化了骨料的表面粗糙度,但并未建立骨料表面粗糙度与界面力学性能之间的定量关系
图 1-3(c) 图 1-4(c)	Rao 等 (2011)[15-16]	界面的荷载位移关系呈线性;随着骨料表面粗糙度的增加,界面断裂能增加	未量化骨料表面粗糙度

总结以上文献发现,各学者所得到的界面粘结强度或弹性模量各不相同,这除了试验方法不同导致的差异外,更重要的是因为各学者在试验中所采用的骨料具有不同的表面粗糙度。因此必须考虑骨料表面粗糙度对界面力学性能的影响。目前只有 Gu 等[29]对骨料表面粗糙度进行了量化,遗憾的是,其并未建立骨料粗糙度与界面力学性能之间的定量关系。

骨料表面粗糙度的量化方法,除了 Gu 等[29]提到的利用表面粗糙度测量仪进行测定,还可以通过 Image Analysis Method[30]进行评定。目前已有的研究成果中通常采用打磨工艺实现不同表面粗糙度的骨料,而文献[31]还介绍了喷砂和火烧工艺。因此本书拟通过试验研究建立骨料表面粗糙度与界面强度之间的定量关系,在已建立的界面复合受力破坏准则[29]中引入骨料表面粗糙度的影响。同时基于 Gu 等[32]所建立的混凝土细观力学模型,分析界面力学性能对混凝土宏观力学性能的影响。

1.2.3 骨料形状对混凝土力学性能影响研究现状

粗骨料是混凝土的重要组成部分,骨料形状作为骨料重要特征之一,对混凝土力学性能的影响不可忽视。骨料形状在很大程度上影响着混凝土的工程特性,如刚度、抗剪强度、抗疲劳能力、耐久性、压缩性及渗透性等[33]。目前有关骨料对混凝土性能影响的研究主要集中在骨料自身强度、弹性模量、粒径、级配、用量以及骨料-基体粘结强度等方面,而有关骨料形状影响的相关研究还较少,且大部分研究成果仅限于定性分析。

Frazao[34]通过试验指出,在水工混凝土中随着骨料扁平度的增加,混凝土抗压强度下降,抗拉强度无明显变化,且混凝土材料的工作性能(抗渗性、抗冻性等)降低。

Saouma 等[35],Donza 和 Cabrera[36],Guinea 等[37],Li 等[38]及 Rocco 和 Eliees[39]均通过试验研究了球体(卵石)和多面体(碎石)骨料混凝土的力学性能,试验结果(表 1-3)均表明骨料形状对混凝土抗拉、弹性模量及断裂能有影响。如 Rocco 和 Eliees[39]的结果表明,当骨料与砂浆之间界面粘结力较强时,球体骨料混凝土的抗拉强度略高于多面体骨料混凝土,但弹性模量和断裂能则呈相反趋势;当界面粘结力较弱时,抗拉强度和弹性模量均不受骨料形状的影响,但对断裂能的影响规律依然不变,即多面体骨料混凝土的断裂能高于球体骨料。并且认为低界面粘结力下,球体骨料混凝土的临界裂纹张开位移大于多面体骨料混凝土。黄晓峰[40]对掺有单一粒径、不同轴长比的椭球体骨料混凝土进行了

表 1－3　不同骨料形状混凝土力学试验结果统计

学　者	骨料粒径 mm	骨料形状	f_t (MPa)[a]	E (GPa)[a]	G_F (J/m²)[a]	l_{ch} (mm)[a]	备注
Saouma 等[35]	38(max)	Round	2.67	16.9	223.0	529.0	
	38(max)	Crushed	3.96	23.2	227.0	336.0	
Li 等[38]	5～40	Round	1.80	24.6	420.0	3 189.0	大坝混凝土
	5～40	Crushed	2.12	17.6	249.0	1 047.0	
	5～150	Round	1.58	43.1	490.0	8 460.0	
	5～150	Crushed	1.91	40.0	497.0	5 463.0	
Guinea 等[37]	5	Round	3.93	39.8	94.7	—	高强混凝土
	5	Crushed	4.15	33.1	136.0	—	
	5[b]	Round	4.93	40	87.1	—	
	5[b]	Crushed	4.89	34.7	127.5	—	
Donza 和 Cabrera[36]	0～9.5(硅质岩)	Round	3.59	40.0	—	—	细骨料混凝土
	0～9.5(花岗岩)	Crushed	4.08	39.9	—	—	
	0～9.5(大理石)	Crushed	4.09	39.8	—	—	
Rocco 和 Elices[39]	2～4	Round	3.25	24.5	40.0	92.8	轻骨料混凝土
	8～10	Round	3.00	23.4	43.3	112.6	
	13～15	Round	3.10	22.9	48.3	115.1	
	8～10[c]	Round	2.19	20.3	41.2	174.4	
	2～4	Crushed	3.32	26.5	41.1	101.4	
	4～8	Crushed	3.35	27.9	44.4	110.4	
	8～10	Crushed	3.19	24.1	48.3	114.4	
	4～8[c]	Crushed	2.10	21.4	59.7	289.7	

注：a—数值均为所有试件结果的平均值；
　　b—骨料表面掺硅粉；
　　c—骨料表面涂润滑油。

试验研究。结果表明轴长比越小，混凝土的抗压强度及弹性模量越高，而抗拉强度越低，且随粗骨料含量的增加该趋势而更明显。

　　骨料形状为何会引起混凝土材料力学性能的变化？Alexander[42]认为，不同的骨料形状导致混凝土材料中的应力集中发生变化，从而影响混凝土的内部裂缝发展及宏观力学性能。Mehta[33]进一步提出,骨料形状还因影响界面过渡区微裂缝的开展而影响混凝土的力学性能。钱春香等[43]采用体视显微镜观察混凝土粗骨料与砂浆在宏观尺度上的界面特性时,考虑了球形(卵石)和片状(碎石)两种粗骨料。研究发现,球形集料有利于形成均匀的界面,而在较大尺寸的片状集料下,界面的不均匀性明显增强。

试验研究中大多只采用单一粒径骨料,无法考虑骨料的级配,且骨料的形状通常采用圆形或多边形等进行定性表征,得到的研究成果也仅基于定性描述,并且由于试验中很难保持其他因素不变而单独改变骨料形状,所得试验结果离散性大。

基于细观层次建立的混凝土数值模型成为分析混凝土力学性能的重要手段,不仅可以弥补试验的缺陷,还能分析试验中难以观测的内部裂缝开展情况。目前已有的混凝土细观力学模型,通常将骨料简化成圆形[44-46]、规则多边形[47]或球体[48-49]。这样的简化有一定的合理性,但与实际骨料形状还存在较大差别。

任意多边形骨料的生成主要包括以下几个关键问题[50]:① 骨料形状与实际是否相符;② 骨料的随机投放及骨料级配的合理性;③ 骨料投放的效率及所能达到的最大骨料含量。文献[51]—文献[53]采用极坐标、借助 Monte carlo 抽样原理实现了任意多边形骨料的生成,并利用传统的随机投放方法投放骨料。但由于采用新投放骨料点的位置或角度总和为标度判断骨料之间的侵入状况,因此超过一定骨料含量后,投放就变得困难了。唐欣微[55]等先完成骨料生成,然后在投放区内将骨料由低至高随机摆放。这类方法避免了大量骨料相互侵入的判定计算,但由于摆放过程中所形成的空隙,很难达到较高的骨料含量[50]。高政国[54]、刘光廷[56]等提出了由骨料基[三角形(体)或四边形(体)]随机延凸生成任意多边形(体)凸骨料的方法,并以骨料面积为参数判断骨料的重叠状况。孙立国[57-58]等先随机投放所有三角形基骨料,然后通过随机延凸生成任意多边形骨料。以上算法尽管提高了骨料的生成效率,但所建立的混凝土力学模型没有考虑实际骨料级配[59]。马怀发[59-60]等在此基础上,基于瓦拉文公式确定二维混凝土试件中圆形骨料的面积,并以此为控制参数,通过延凸圆形骨料内接多边形生成了凸多边形随机骨料,所建立的凸多边形骨料模型反映了混凝土中骨料的实际级配和含量。但在以上研究中,除了 Wang[51]等,均假设骨料呈凸多边形或多面体,以避免凹形骨料间复杂的重叠判断[61]。为了减少骨料重叠的判断时间,秦川[50]等提出了基于背景网格点的骨料间相互侵入的判定方法,有效提高了骨料的投放效率和骨料含量,不足的是,骨料形状被假定为凸多边形或多面体,与实际的凹凸骨料有一定出入。

基于以上研究可以发现,因受到各种条件的限制及各因素之间的相互影响,有关骨料形状在混凝土中的作用在国内外都没有定量的研究结果,要解释粗骨料的作用机理非常困难。为了能够精确描述骨料的形状特征,许多学者进行了大量的研究。如 Krumbein[63]及 Rittenhouse[64]分别利用圆度(Roundness)和球度(Sphericity)定量描述骨料轮廓形状,并发表了相应的骨料形状特征图谱(图 1-5、图 1-6)。但是这些传统的骨料形态分析方法速度较慢且概念较为模糊(如棱角分明、较光滑等),使得在对骨料形态特征进行描述时带有很大的人为因素,难以适应各类工程的精度需要[65]。

Barrett[66]将骨料的形态特征参数大致分为形状、棱角性和表面纹理三类,其中形状表示骨料外部的整体形态,反映骨料宏观形态上的变化;棱角性表示骨料边界拐角变化的剧烈程度,反映骨料细观形态上的变化;而表面纹理反映了骨料表面的粗糙程度,为微观形态上的变化。

随着数字处理图像技术(DIP)的发展,借助相关的数学分析软件和图像捕捉设备,国内外学者们相继提出了定量描述骨料形状、棱角性和表面纹理的分析方法和参数。所谓数字处理图像技术[67],就是运用计算机强大的计算和存储能力,对离散图像作某种"运算"、"变换"、"修饰"或"处理",最终实现对图像的"评

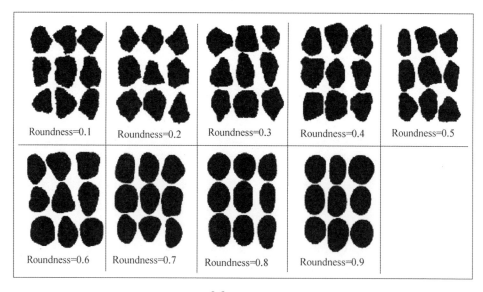

图 1-5 Krumbein[63]提出的圆度(Roundness)图谱

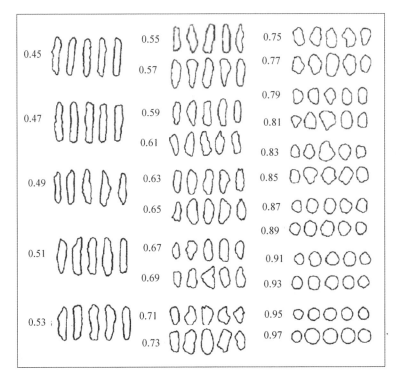

图 1 - 6　Rittenhouse[64]提出的球度(Sphericity)图谱

价"、"识别"和"理解"。

　　例如,Kwan 和 Mora 等利用相机获取骨料的二维图像,进而对粗骨料的形状和棱角性进行了量化研究[68-69]。Rao 和 Tutumuler 等开发了 UI - AIA 骨料图像分析系统,该系统利用三台相机获取传送带上骨料的三个正交断面视图,然后通过相关程序分析骨料的几何信息(边界坐标、面积、体积等),进而提出了评价骨料棱角性的定量分析方法[70-71]。Kuo 利用相机获取骨料的平面和立面图后,用图像分析系统 PGT 获取骨料的三维几何信息后,定义了轴长比、棱角性参数及粗糙度三个量化指标,分别用于表征骨料的形状、棱角性及表面纹理特性[72]。Masad 和 Mahmoud 等开发了 AIMS(Aggregate image system)系统,利用两台相机获取排列在反光桌面上的骨料图像后,通过蚕食-减窄技术分析骨料的棱角特征,并提出了利用小波分析对骨料表面纹理进行评定的方法[73-74]。Wang[75]和 Bangaru 等[76]都使用了傅里叶变换的方法评价骨料的形状、棱角性及表面纹理特征。Fernlund[77]通过数码相机获取骨料的立面和俯视图,并利用图形软件分析了骨料的长、宽及厚度后,得到了骨料样本颗粒尺寸比的分布曲线。Pan 等[78]提出可利用蚕食-减窄技术对骨料表面纹理进行了评定。Zhang 等通过数码相机获取粗骨料的侧、立面轮廓后,通过计算机对骨料形状、粒径、棱角性及表面纹理进行了评定,并提出了综合反映骨料棱角性和表面纹理的定量参数[79]。Rousan[80]对原有的 AIMS 系统进行了改进,降低了人为因素对测量误差的影响。Garboczi[83]采用 X 线三维重构技术和球谐函数方法获得了骨料颗粒的三维结构信息,但仅对骨料的形状轮廓进行了定量描述,未表征骨料的棱角性和表面粗糙度。

尽管定量描述骨料形状、棱角性及表面纹理的参数很多,但目前还很少有研究将这些定量指标与混凝土的力学性能相关联。Pan 等[82]通过试验分析了骨料棱角性指数 AI,骨料表面纹理参数 ST 对混凝土早期开裂的影响。试验结果表明,骨料表面纹理参数 ST 是混凝土早期开裂的主要影响因素之一,而骨料棱角性参数 AI 的影响则很小。

综上所述,要完整全面地分析骨料形状特征对混凝土力学性能的影响,必须首先确定骨料形状特征参数,且所确定的表征骨料形状特征的参数能够独立反映骨料形状、棱角性或表面纹理而不相互影响。在现有的确定骨料形状特征参数的方法中,数字图像技术是最合理的分析方法之一。

1.3　本书的研究内容

基于上述分析,本书确定以下三个方面的研究内容:① 建立骨料表面粗糙度与界面力学性能之间的定量关系;② 分析界面力学性能对混凝土宏观破坏形态的影响;③ 分析骨料形状参数、棱角性参数对混凝土宏观力学性能的影响。

由此,本书的研究工作主要如下:

首先对骨料表面进行不同的处理以形成不同的表面粗糙度,利用相关方法对骨料表面粗糙度进行定量评定之后,通过相应的界面粘结试验方法测得界面粘结强度及破坏准则,建立骨料表面粗糙度与界面力学性能之间的关系,并将试验研究成果带入混凝土细观力学模型,计算不同粗糙度下的混凝土的力学性能。另外,利用不同表面粗糙度的粗骨料制作混凝土标准试件,分析骨料表面粗糙度对混凝土宏观力学性能的影响(第 2、3 章)。

接下来,利用数字图像技术获得同种类型的粗骨料的实际几何信息,基于图像分析软件,通过相应的公式计算骨料的形状参数和棱角性参数。加工获得具有相近的表面粗糙度、但不同形状参数和棱角性参数的粗骨料,制作混凝土试件,通过力学试验获得骨料形状参数和棱角性参数与混凝土力学性能间的关系(第 4 章)。

随后,然后利用 VC++编程在已建立的混凝土二维细观力学模型中实现任意形状骨料的生成(第 5 章)。通对试验试件进行数值模拟并获得试验验证后,基于数值试验,考虑骨料级配,分析骨料形状参数、棱角性参数及表面粗糙度对混凝土材料破坏形态的影响。并利用数值模型分别研究骨料表面粗糙度、形状参数和棱角性参数的不均匀性对混凝土材料宏观力学性能变异性的影响(第 6 章)。最后结合试验及数值分析结果,给出结论与建议(第 7 章)。

1.4 本书的研究意义

通过对研究内容进行总结发现,本书的理论意义及实际使用价值主要在于以下四个方面:

(1)骨料形状及骨料与砂浆界面对混凝土基本力学性能的影响研究,可为混凝土材料优化设计及性能评价提供必要的理论依据。

(2)骨料表面粗糙度与界面力学性能之间的定量关系及水泥砂浆宏观试验力学参数与单元力学参数间的转换关系,可为混凝土细观层次的数值仿真提供必要的基础数据。

(3)研究成果可使混凝土材料破坏过程的仿真分析更趋精细化,更直观地揭示具有不同宏观性能的混凝土的内在机制,为混凝土细观研究与分析提供更好的辅助工具。

(4)研究成果对混凝土材料的细观研究现状进行了必要的补充,可以更精确地解释混凝土材料的宏观力学性能,也能进一步用于更小尺度下的材料特征的研究,符合混凝土材料的多尺度研究理念。

第2章

骨料表面粗糙度的定量表征

　　本章主要介绍混凝土中粗骨料表面粗糙度的量化方法,并介绍后期试验中需要采用的具有不同表面粗糙度的岩石及粗骨料的加工方法,为最终建立骨料表面粗糙度与界面及混凝土的力学性能之间的关系做准备。

2.1　骨料表面粗糙度的量化指标及测量方法

2.1.1　表面粗糙度的量化指标

　　表面粗糙度是用于表征机械零部件表面微观形状误差的参数,一般会受到所采用的加工方法或其他外部因素的影响[85]。如图 2-1 所示,按照垂直于加工纹理的方向对试件表面进行切割后,得到表面的横向轮廓线,而表面粗糙度就是该轮廓线上具有的较小间距和峰谷所组成的微观几何形状特征[86],如图 2-2 所示。

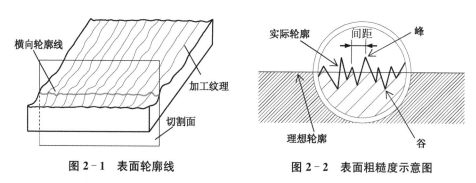

图 2-1　表面轮廓线　　　　　　　　图 2-2　表面粗糙度示意图

　　在机械加工行业中,表面粗糙度主要用于表征机械零件表面的微观几何形状误差,表面粗糙度越小,则表面越光滑[87-88]。

定量描述表面粗糙度参数有很多，目前最常用的主要有 3 种：轮廓算术平均偏差 R_a、轮廓最大高度 R_y 和微观不平度十点高度 R_z。

R_a 是指在取样长度内，轮廓偏距绝对值的算术平均值，它的统计意义是一阶原点的绝对矩，在一定程度上反映了轮廓高度相对中线的离散程度，如图 2-3 所示。图中基准线的位置(X 轴)根据最小二乘法确定，即各点距离基准线距离的平方和最小。R_a 的计算公式为

$$R_a = \frac{1}{n} \sum_{i=1}^{n} | y_i | \qquad (2-1)$$

式中，n 为组成轮廓线的点的个数；y_i 为第 i 个点的高度值。从定义中不难得到，只要得到表面各点的 Y 方向的坐标值 y_i，即可由式(2-1)得到表面粗糙度 R_a。

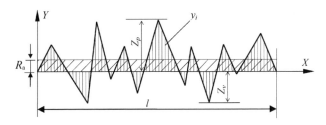

图 2-3　R_a 的计算示意图

轮廓最大高度 R_z 是指在取样长度 l 内，轮廓峰顶线和轮廓谷底线之间的距离，其计算公式为

$$R_z = Z_p + Z_v \qquad (2-2)$$

式中，Z_p 和 Z_v 分别为轮廓最大峰高和轮廓最大谷深，如图 2-3 所示。

微观不平度十点高度 R_y 是指在取样长度内 l 内，5 个最大的轮廓峰高的平均值与 5 个最大的轮廓谷深的平均值之和，计算公式为

$$R_z = \frac{\sum\limits_{i=1}^{5} Z_{pi} + \sum\limits_{i=1}^{5} Z_{vi}}{5} \qquad (2-3)$$

式中，Z_{pi} 为第 i 个最大的轮廓峰高；Z_{vi} 为第 i 个最大的轮廓谷深。

在表面粗糙度主要的三个参数中，运用最广泛的为轮廓算术平均偏差 R_a[89]。R_a 值越大，表面越粗糙，反之则越光滑。与已有研究相同[29,105]，本书也选择 R_a 来定量表征骨料的表面粗糙度。

2.1.2 测量装置及方法

按照测量仪器与被测零件表面是否有接触,表面粗糙度的测量方法可分为接触式和非接触式测量法两类[90]。

接触式测量是指测量装置的探测部分直接接触被测表面,如比较法[91]、印模法[92]以及触针法[93]等。其中针触法又称针描法,它是将一个很尖的表面粗糙度仪的探针直接在试件表面取样,如图2-4所示。这种方法的迅速方便、应用广泛。然而,这种方法的测量结果易受到探针针头和形状的影响,而且容易损坏被测表面,不适于那些易磨损、刚性强度高的表面[94]。

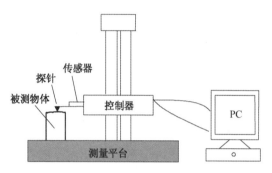
图2-4 接触式测量示意图

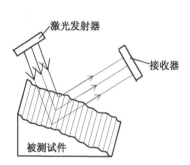
图2-5 激光法测量示意图

非接触式法是指利用对被测表面形貌没有影响的手段间接反映被测表面信息来进行测量的方法[90]。常用的如电镜法[95-97]、干涉显微镜法[98]、光纤传感器法[99]、激光法[94]等。这类方法克服了接触式的诸多缺点,将表面微观轮廓的高度物理信息转化为光、电等易于测量的数字型号,可以实现表面粗糙度的在线测量[100]。其中激光法的测量原理是由激光发射器主动发射激光,同时根据由物体表面反射的信号计算物体表面的粗糙度,其示意图如图2-5所示。

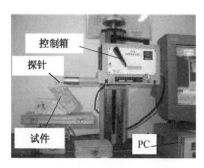
图2-6 2205型粗糙度测量仪

以上测量方法均是机械学中常用的,而有关岩石表面粗糙度的测量方法还未见报道。同济大学王卓琳博士曾采用2205型表面粗糙度测量仪对表面较光滑的卵石粗骨料及三种大理石表面(180目干磨、80目干磨及未处理的切割面)的粗糙度进行了评定(图2-6)[29]。由于该方法直接且简单,本书也试图利用这一方法测量骨料的表现粗糙度。

测量仪器为同济大学机械与能源工程学院综合实验室提供的型号为 TR200 的表面粗糙度测量仪,如图 2-7 所示。相对于 2205 型表面粗糙度测量仪,TR200 粗糙度仪便于携带,适用于现场,且测量结果可在液晶显示器上显示,测量轮廓可在打印机上输出[101]。利用 TR200 粗糙度仪对经过 220 目干磨后的花岗岩(G)表面进行粗糙度评定。测量时,取样长度 l 为 0.8 mm,评定长度为 $5l$,仪器的量程范围为 $(-40\sim40\ \mu m)$,评定参数 R_a 的范围为 $0.025\sim12.5\ \mu m$。

图 2-7　粗糙度仪测量现场

测量结果列于表 2-1。可以看出,同一岩石表面,相同取样长度但不同区域所测得的粗糙度 R_a 值相差较大,甚至某些区域因超出了仪器的量程而无法测出。这说明与机械工件的表面不同,岩石表面的粗糙度很不均匀。另外,在测量中还发现,TR200 型粗糙度仪难以测量花岗岩碎石粗骨料的表面粗糙度(见 2.3 节)。因为该类骨料的表面粗糙度远远超出了仪器的量程,且表面由于不平整,探针无法探测。因此,相对机械零部件表面而言,由于岩石或骨料表面粗糙度大且不均匀,粗糙度仪很难测得合理的结果。

表 2-1　粗糙度仪获取的 220 目干磨花岗岩表面粗糙度($l=0.8$ mm)

试件编号	$R_a(\mu m)$				R_a 平均值(μm)
G-220-1	2.033	0.884	0.998	2.121	1.509
G-220-2	0.925	1.421	1.304	3.102	1.587
G-220-3	超出量程	0.827	1.049	2.056	1.310

根据 R_a 的计算公式(2-1)可发现,只要能够确定粗骨料或岩石表面的各点在空间的分布坐标,即可计算出骨料的表面粗糙度 R_a,而这可以通过三维光学扫描系统实现,且不会受到骨料表面粗糙程度及不均匀性的影响。这显然属于非接触式测量方法[94]。

因此,采用江苏省无锡市易维模型设计制造有限公司所提供的 Breuckmann Smartscae 3D-HE-5.0 测量及数字化系统来获取岩石表面三维点坐标,如图 2-8 所示。

图 2-8 Breuckmann Smartscae
3D-HE-5.0 系统

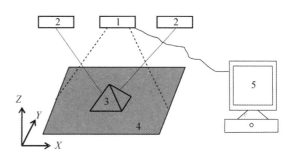

1—光栅投影设备　2—CCD 照相机
3—被测物体　4—光栅投影范围　5—计算机

图 2-9 利用三维光学扫描仪的测量原理

Breuckmann Smartscae 3D-HE-5.0 测量及数字化系统是由德国 Bruckmann 公司制造的一种具有高分辨率、高测量精度、处理时间短、可靠性高、操作简单灵活等特点的非接触式 3D 光学测量系统。该系统采用微结构光投影技术，能在几秒内完成物体的精密测量并提供高精度和分辨率的三维数据，并且几乎不受物体尺寸和复杂性的限制。其结构主要由光栅投影设备、两个工业级的摄像机及计算机构成(图 2-9)。由光栅投影在被测物表面并被反射，然后被 2 个 CCD 相机捕捉 (CCD 相机都为对光栅敏感，对其他光波不敏感类型)。捕捉到的信息传入计算机并通过运算处理，即可得到被测物体的几何尺寸，空间坐标及边缘等特征信息。目前该系统主要用于高性能的数字化扫描分析，如快速模型制作或逆向工程等。

为验证 Breuckmann Smartscae 3D-HE 系统测量结果的是否合理，分别用粗糙度测量仪 TR200 及 Breuckmann Smartscae 3D-HE 系统对 220 目干磨的三种岩石(石灰岩 L，玄武岩 B，花岗岩 G)表面进行测量。

由于粗糙度仪是利用探针沿试件表面上的某个方向进行探测后(如图 2-1 所示的表明轮廓线)，获得取样长度 l 内的众多点的坐标信息进而计算得到 R_a。而 Breuckmann Smartscae 3D-HE-5.0 系统是对试件的整个面进行扫描，获得整个面上所有点的空间信息。因此，为保证两种测量结果具有可比性，对 3D-HE 扫描系统获得的平面[图 2-10(a)]进行等距离分割，得到无数条横向轮廓线，如图 2-10(b)所示；然后在每条线上选择取样长度 l 内的点的坐标信息，并进行计算得到 R_a，如图 2-10(c)所示。

从图 2-10(a)可以看出，试件表面并不是光滑平整的，局部会有细小凹坑或裂痕，这是因为在对岩石进行打磨或切割时，由于岩石的脆性材质导致其表面上

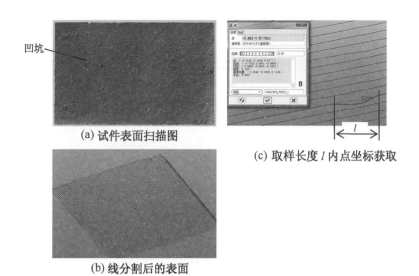

（a）试件表面扫描图

（c）取样长度 l 内点坐标获取

（b）线分割后的表面

图 2-10　取样长度内 R_a 的计算

松散颗粒易脱落,因此产生的表面并不如机械零部件表面那样平整。这也导致在用表面粗糙度仪对岩石表面进行测量时,某些区域出现超出量程的情况。例如,对图 2-10(c)所示的取样长度 l 内的点坐标进行提取,并计算得到 R_a 值为 $35.2\ \mu\text{m}$,大大超出了粗糙度仪的量程。这也说明,表面粗糙度仪只能测量岩石表面较光滑区域的粗糙度,而这不能代表岩石表面真实的粗糙度。

表 2-2 列出了利用粗糙度仪及扫描系统获得的三种岩石的表面粗糙度,其中扫描系统的结果均通过光滑轮廓线上的点计算获得。从表中可以看出,取样长度 l 内,扫描系统测量结果与粗糙度仪测量结果相近,最大误差为 8.46%,说明该扫描系统能够获得合理的岩石表面各点的坐标信息。

综上所述,本书选择利用 Breuckmann Smartscae 3D-HE-5.0 系统获取骨料或岩石表面所有点的坐标信息,通过计算得到相应试件的表面粗糙度。

表 2-2　粗糙度仪及 3D-HE 扫描系统获取的岩石表面（220 目干磨）粗糙度

试件编号	$R_a\ (\mu\text{m})$[a]		相对误差
	TR200 粗糙度仪	3D-HE 系统[b]	
L-220	1.168	1.1	-6.18%
B-220	1.190	1.3	8.46%
G-220	1.469	1.5	2.07%

备注：a—R_a 为三个试件测量结果的平均值；
　　　b—Breuckmann Smartscae 3D-HE-5.0 系统的分辨率为 $1\ \mu\text{m}$。

2.2 界面试验中岩石表面粗糙度的测量

2.2.1 岩石表面加工方法

已有研究[26][84]发现,在保证其他条件不变的情况下(如骨料材质、砂浆水灰比等),粗骨料与水泥砂浆界面的粘结性能主要由骨料表面的粗糙度决定。一般而言,骨料表面粗糙度越大,界面的粘结强度越大,从而改善混凝土的力学性能。

为了研究骨料表面粗糙度对界面力学性能的影响,本书第 3 章进行相应的界面力学性能试验,因此分别采用五种加工工艺制作具有不同表面粗糙度的岩石表面,如图 2-11 所示。图中,"目"是指每平方英寸筛网上空眼数目。220 目就是指每平方英寸上的孔眼是 220 个,80 目就是 80 个。打磨机中常用的干磨片通常以目数来表示其规格,目数越高,打磨的精度越高,表面越光滑。

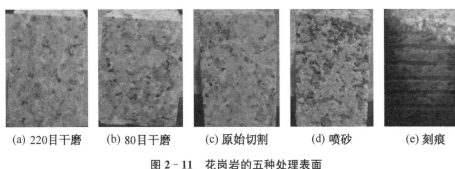

(a) 220目干磨　　(b) 80目干磨　　(c) 原始切割　　(d) 喷砂　　(e) 刻痕

图 2-11　花岗岩的五种处理表面

同时,为了研究骨料种类对界面力学性能的影响,选择了三种岩石,分别为石灰岩(L)、花岗岩(G)及玄武岩(B),如图 2-12 所示。石材是从上海市宝山区沪太路 3223 号沪太石材市场购得。

(a) 石灰岩　　　(b) 玄武岩　　　(c) 花岗岩

图 2-12　三种不同的岩石类型

为确定各岩石材料中各元素的含量成分,对所选三种石材进行了 X 射线荧光光谱分析。试验设备为同济大学材料科学与工程学院测试中心实验室的 X 线荧光光谱仪,如图 2-13 所示。通过分析,得到各岩石的主要元素含量见表 2-3,可以看出石灰岩以 CaO 为主,而玄武岩和花岗岩主要成分为 SiO_2。

图 2-13　X 射线荧光光谱仪

表 2-3　岩石的 X 射线荧光光谱分析结果

岩石种类	CaO	SiO_2	Na_2O	MgO	Al_2O_3	K_2O	Fe_2O_3
石灰岩(L)	80.1%	3.14%	0.24%	0.57%	0.79%	0.14%	0.36%
玄武岩(B)	6.94%	59.6%	3.15%	2.05%	15.8%	3.09%	4.83%
花岗岩(G)	1.14%	70.9%	4.07%	0.11%	13.1%	4.95%	0.29%

2.2.2　岩石表面粗糙度

利用 Breuckmann Smartscae 3D-HE-5.0 系统测量经过五种方法处理的岩石表面粗糙度,具体测量步骤如下:① 扫描器就位,使其光栅及相机镜头对准试件的被测面,同时连接扫描器与计算机,如图 2-14(a)和(b)所示。② 启动光栅工作,通过计算机显示的信息调整试件的位置。③ 确定坐标系后,对试件进行扫描,并提取被测表面点的信息[图 2-14(c)和(d)],未发现有明显误差(如孔洞或堆叠)后结束扫描,保存扫描结果。④ 提取点的 Z 向坐标,计算试件的表面粗糙度 R_a。值得说明的是,上节中已经说明由于岩石表面粗糙度不均匀,很难用某个取样长度内的粗糙度来表征骨料的表面粗糙度。因此,本书以整个面上所有的点坐标参与计算粗糙度指标 R_a,以便准确地表达岩石表面的粗糙度。

所测得的结果列于表 2-4,表中的试件编号遵循以下原则:① 编号的首位字母 L、B、G 分别表示石灰岩(Limestone)、玄武岩(Basalt)及花岗岩(Granite);② 中间字母 220、80、0、P 及 K 分别表示经过 220 目干磨、80 目干磨、切割、喷砂及刻痕处理的岩石表面;③ 最后一位数字则表示同一组中单个试件编号。如 L-P-2 表示表面经过喷砂处理的石灰岩试件 2。

(a) 扫描设备就位　　　　　　　(b) 对准被测量表面

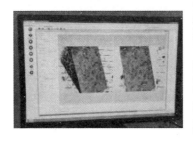 

(c) 数字系统显示　　　　　　(d) 表面局部点云图(×100倍)

图 2‑14　利用 Breuckmann Smartscae 3D‑He‑5.0 系统获取表面三维点云图

表 2‑4　界面试验中经过五种方法处理的岩石表面粗糙度

试件编号	测量面积 (mm²)	R_a (μm)	平均值 (μm)	试件编号	测量面积 (mm²)	R_a (μm)	平均值 (μm)
L‑220‑1	2 910	113.2		L‑K‑1	2 962	616.4	
L‑220‑2	3 174	62.5	90.0	L‑K‑2	3 008	640.1	653.4
L‑220‑3	3 161	94.3		L‑K‑3	3 032	703.8	
L‑80‑1	3 001	114.7		B‑220‑1	3 072	49.5	
L‑80‑2	3 103	67.8	101.0	B‑220‑2	3 007	48.9	49.0
L‑80‑3	3 170	120.6		B‑220‑3	2 600	48.7	
L‑0‑1	2 907	35.5		B‑80‑1	3 088	46.6	
L‑0‑2	3 008	57.1	110.0	B‑80‑2	3 069	66.5	56.5
L‑0‑3	3 001	237.4		B‑80‑3	2 927	56.5	
L‑P‑1	3 030	324.5		B‑0‑1	3 026	60.3	
L‑P‑2	3 007	177.1	223.5	B‑0‑2	3 121	66.5	61.1
L‑P‑3	3 012	168.8		B‑0‑3	2 922	56.5	

续　表

试件编号	测量面积 （mm²）	R_a （μm）	平均值 （μm）	试件编号	测量面积 （mm²）	R_a （μm）	平均值 （μm）
B - P - 1	3 205	56.6		G - 0 - 1	3 042	128.5	
B - P - 2	3 037	78.4	67.7	G - 0 - 2	2 965	85.7	106.8
B - P - 3	3 092	68.0		G - 0 - 3	3 106	106.2	
B - K - 1	3 027	606.5		G - P - 1	3 001	290.1	
B - K - 2	2 623	659.7	622.5	G - P - 2	3 051	201.9	244.2
B - K - 3	2 906	601.2		G - P - 3	2 940	240.7	
G - 220 - 1	3 182	73.0		G - K - 1	3 022	529.6	
G - 220 - 2	3 104	99.4	86.2	G - K - 2	2 807	477.5	493.5
G - 220 - 3	2 965	86.1		G - K - 3	3 104	473.4	
G - 80 - 1	3 078	133.6					
G - 80 - 2	3 009	52.9	93.3				
G - 80 - 3	3 128	93.3					

从表 2 - 4 中可以看出,岩石表面粗糙度随着加工工艺的不同而不同,且打磨的目数越大,表面粗糙度越小。从表中还可看出,相同的加工工艺下,三种岩石的表面粗糙度并不相同。这除了玄武岩,石灰岩和花岗岩的表面粗糙性都较大外,还由于各岩石的形成过程及矿物成分均不相同。

2.3　粗骨料表面粗糙度的测量

由于从采石场购得的是完整的岩石块体,因此作者利用同济大学工程结构与耐久性试验室的颚式破碎机,分别对花岗岩和玄武岩进行二次破碎,得到了相应的碎石骨料,并从中随机抽取了 50 颗骨料作为测量对象(图 2 - 15),研究实际粗骨料的表面粗糙度。由于所购买的石灰岩块体较小,制作完界面试验所需的试件后,石灰岩材料所剩无几,无法经过破碎处理,因此未能获得其表面粗糙度信息。另外,不同的破碎方式可能产生具有不同表面粗糙度的碎石骨料,因此本书的测量结果不一定适用于所有碎石骨料。

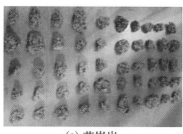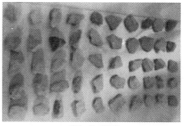

(a) 花岗岩　　　　　　　　　　　　(b) 玄武岩

图 2-15　粗骨料表面粗糙度测定样品

同样利用 Breuckmann Smartscae 3D-HE-5.0 系统对各碎石骨料表面进行测量,如图 2-16 所示,具体测量过程见 2.2.2 节。另外,利用扫描系统获得的粗骨料信息后,借助系统自带的 Geomagic 软件在计算机中重现骨料的三维形状,从中任意选择一个面作为粗骨料表面粗糙度的计算面,如图 2-16(c)所示。

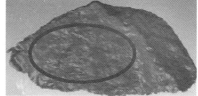

(b) 对准被测骨料

(a) 扫描设备就位　　　　　　　　(c) 选择处理面

图 2-16　粗骨料表面粗糙度的确定

花岗岩和玄武岩粗骨料的表面粗糙度 R_a 的实测结果分别列于表 2-5 和表 2-6 中。从表中可以看出,50 颗花岗岩的表面粗糙度的均值为 446.7 μm,而 50 颗玄武岩的表面粗糙度均值为 252.8 μm。这表明相对花岗岩而言,玄武岩的表面较光滑。还可发现,花岗岩和玄武岩的表面粗糙度的离散性都较大,变异系数分别为 31.2% 和 47.1%。且通过和表 2-4 所示的各岩石表面粗糙度进行比较可知,骨料的表面粗糙度均介于上述岩石表面粗糙度之间,说明可以用上述岩石

表 2‑5　50 颗花岗岩粗骨料表面粗糙度 R_a（μm）

204.9	333.1	421.7	461.6	537.6
231.9	342.6	422.6	463.4	556.3
241.1	347.0	424.6	466.1	584.9
249.7	353.8	432.3	468.8	590.5
250.5	358.9	438.1	476.1	613.5
299.4	384.9	438.6	477.8	627.9
306.9	385.8	444.2	505.5	686.6
311.7	390.0	448.6	506.3	732.6
325.1	399.1	455.7	521.7	814.5
332.9	420.8	457.5	524.1	867.6
极大似然估计值：$\mu = \bar{x} = 446.7$；$\sigma^2 = 19\ 431.2$；$\sigma = 139.4$；$\delta = 31.2\%$				

表 2‑6　50 颗玄武岩粗骨料表面粗糙度 R_a（μm）

58.6	127.9	202.7	278.4	373.8
64.1	153.6	204.0	279.7	394.9
73.6	157.9	204.7	301.0	406.6
107.3	159.4	233.3	309.6	406.8
111.6	161.4	243.3	321.3	412.0
120.2	165.2	247.3	325.7	447.4
123.3	171.6	252.7	327.8	462.9
124.2	178.2	255.9	337.7	472.2
124.5	197.9	263.4	341.5	497.6
125.4	198.6	272.5	358.9	498.7
极大似然估计值：$\mu = \bar{x} = 252.8$；$\sigma^2 = 14\ 451.4$；$\sigma = 119.1$；$\delta = 47.1\%$ 极大似然估计值（对数）：$\mu = \overline{\ln(x)} = 5.4$；$\sigma^2 = 0.3$；$\sigma = 0.5$				

来模拟粗骨料进行相关界面力学试验，以研究骨料表面粗糙度对界面力学性能的影响。

下面基于统计学原理，分别对花岗岩、玄武岩骨料的表面粗糙度进行统计分析，并建立两种粗骨料的表面粗糙度的概率统计分布模型。

50 颗花岗岩、玄武岩骨料的表面粗糙度 R_a 的柱状分布图分别如图 2-17、图 2-18 所示。可以看出花岗岩、玄武岩骨料的 R_a 分别接近正态分布和对数正态分布。因此，假设花岗岩样本总体服从正态分布 H_1：X～N(μ，σ^2)，玄武岩样本总体服从对数正态分布 H_2：X～LN(μ，σ^2)。

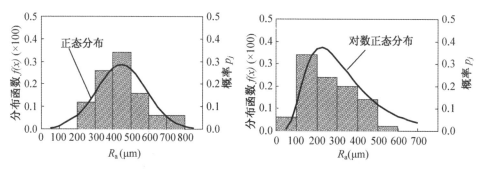

图 2-17 花岗岩粗骨料表面粗糙度 R_a 分布　　图 2-18 玄武岩粗骨料表面粗糙度 R_a 分布

接下来基于常用的 χ^2 拟合优度检验[102]，分别对花岗岩、玄武岩骨料的 R_a 进行显著性水平 $\alpha = 0.95$ 下的正态分布、对数正态分布检验。χ^2 拟合优度检验的步骤如下：

(1) 设 $(X_1, X_2, \cdots, X_n)$ 是取自总体 X 的一个样本，并记 X 的分布函数为 $F(x)$，$F(x)$ 未知，要在显著性水平 α 下检验

$$H_0：F(x) = F_0(x；\theta_1, \cdots, \theta_k) \tag{2-4}$$

式中，函数 $F_0(x；\theta_1, \cdots, \theta_k)$ 表示需要检验的某种分布的分布函数，$(\theta_1, \cdots, \theta_k)$ 为 F_0 分布中含有的 k 个总体参数。

(2) 在假定 H_0 成立的前提下，求出 $\theta_1, \cdots, \theta_k$ 的极大似然估计值 $(\hat{\theta}_1, \cdots, \hat{\theta}_k)$。

(3) 把实数轴$(-\infty, +\infty)$划分成 r 个互不相交的集合 $(a_{j-1}, a_j]$，$j = 1, \cdots, r$。当 H_0 成立时，

$$p_j = P(a_{j-1} < X \leqslant a_j) = F_0(a_j；\theta_1, \cdots, \theta_k) - F_0(a_{j-1}；\theta_1, \cdots, \theta_k)$$
$$\approx F_0(a_j；\hat{\theta}_1, \cdots, \hat{\theta}_k) - F_0(a_{j-1}；\hat{\theta}_1, \cdots, \hat{\theta}_k)$$

$$\tag{2-5}$$

p_j 应该接近于数据在第 j 组内出现的频率 n_j/n，其中 n_j 表示数据在第 j 组类出现的频数。因此，当 $\sum\limits_{j=1}^{r} \left| \dfrac{n_j}{n} - p_j \right|$ 的值超出一定范围时，认为 H_0 不成立。

（4）计算 Pearson 提出的检验统计量

$$\chi^2 = \sum_{j=1}^{r} \frac{(n_j - np_j)^2}{np_j} \qquad (2-6)$$

（5）当假设 H_0 成立且 n 较大时，近似地有 $\chi^2 \sim \chi^2(r-1-k)$。因此，对于给定的显著性水平 α，当

$$\chi^2 > \chi^2_{1-\alpha}(r-1-k) \qquad (2-7)$$

时，拒绝假设 H_0。使用 χ^2 拟合优度检验时，一般要求样本容量 $n \geqslant 50$；另外，还要求 $np_j \geqslant 5$，$j = 1, \cdots, r$。

根据以上过程，花岗岩、玄武岩的检验结果分别如表 2-7 及表 2-8 所列。结果表明，花岗岩、玄武岩骨料的表面粗糙度 R_a 分别服从正态分布和对数正态分布，如图 2-17 和图 2-18 所示。

表 2-7　50 颗花岗岩粗骨料表面粗糙度 R_a 分布检验

j	$(a_{j-1}, a_j]$	n_j	p_j	np_j	$(n_j - np_j)^2$	$(n_j - np_j)^2/np_j$
1	$(-\infty, 300]$	6	0.109	5.440	0.314	0.058
2	$(300, 400]$	13	0.220	11.000	4.000	0.364
3	$(400, 500]$	17	0.281	14.055	8.673	0.617
4	$(500, 600]$	8	0.216	10.815	7.924	0.733
5	$(600, +\infty]$	6	0.136	6.785	0.616	0.091
$r=5$，$k=2$，$\alpha=0.95$；$\chi^2_{0.95}(2)=5.991 > 1.862$，可接受 H						1.862

表 2-8　50 颗玄武岩粗骨料表面粗糙度 R_a 分布检验

j	$(a_{j-1}, a_j]$	n_j	p_j	np_j	$(n_j - np_j)^2$	$(n_j - np_j)^2/np_j$
1	$(\infty, 100]$	3	0.068	3.405	0.164	0.048
2	$(100, 200]$	17	0.353	17.630	0.397	0.023
3	$(200, 300]$	12	0.292	14.580	6.656	0.457
4	$(300, 400]$	10	0.152	7.600	5.760	0.758
5	$(400, 500]$	8	0.136	6.785	1.476	0.218
$r=5$，$k=2$，$\alpha=0.95$；$\chi^2_{0.95}(2)=5.991 > 1.503$，可接受 H						1.503

2.4　混凝土材料力学性能试验中 特质骨料表面粗糙度的测量

为进一步确定粗骨料表面粗糙度对混凝土材料力学性能的影响,还制作了具有不同表面粗糙度的粗骨料。为确保所有粗骨料的材质、形状相同,同时由于利用岩石加工的费用过高,因此采用高硼硅玻璃为原材料,通过干磨、喷砂、刻痕三种工艺制作了三种不同表面粗糙度的骨料,如图 2－19 所示。所选用的高硼硅玻璃的抗拉强度为 80 N/mm^2,弹性模量为 $7.6×10^4$ MPa。材料及加工制作均由阿里水晶有限公司(浙江省浦江县万苑路 58 号)提供并完成。

(a) 干磨表面(M)　　(b) 喷砂表面(P)　　(c) 刻痕表面(K)

图 2－19　具有不同表面粗糙度的高硼硅玻璃粗骨料(直径为 18 mm)

同样采用 Breuckmann Smartscae 3D－HE－5.0 系统确定高硼硅玻璃粗骨料的表面粗糙度 R_a,测量现场如图 2－20 所示。为节约成本,根据对称性原则,对每个球体骨料的 1/2 球面进行测量,并根据半个球面的测量数据计算该类粗骨料的表面粗糙度。

由于骨料呈圆形,因此定义球心为原点,以骨料表面点到球心的距离与球的半径之差 $|r_i-r|$ 代替式(2－1)中的 y_i 计算骨料表面粗糙度 R_a:

$$R_a = \frac{1}{n} \sum_{i=1}^{n} |r_i - \bar{r}|\qquad(2-8)$$

式中,n 为组成表面轮廓的点的个数;r_i 为第 i 个点到球心的距离,$\bar{r}$ 为球的平均半径。

根据以上原理,对半个球面进行测量后,通过式(2－8)计算获得的高硼硅玻璃粗骨料的表面粗糙度 R_a 列于表 2－9。从表中可以看出,光滑表面(G 类)骨料的表面粗糙度最低,而喷砂表面(P 类)骨料的粗糙度在数值上接近花岗岩 220

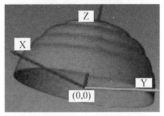

(a) 扫描设备就位　　　　(c) 坐标系及点坐标的确定

(b) 对准被测量表面

图 2‑20　特质粗骨料表面粗糙度确定

目打磨的表面粗糙度(表 2‑4 中 G‑220),刻痕表面(K)的粗糙度介于花岗岩喷砂(表 2‑4 中 G‑P)和刻痕表面之间(表 2‑4 中 G‑K),同时接近花岗岩粗骨料的表面粗糙度的平均值 252.8 μm。值得一提的是,与花岗岩一样,高硼硅玻璃也是以 SiO_2 为主要成分的材料。

表 2‑9　高硼硅玻璃骨料表面粗糙度 R_a(由半个球面的测试数据计算获得)

表 面 分 类	$R_a(\mu m)$			平均值(μm)
光滑表面(G)	23.5	24.7	23.8	24.0
喷砂表面(P)	48.3	46.2	50.3	48.3
刻痕表面(K)	245.8	269.3	263.7	259.6

2.5　本章小结

　　本章从表面粗糙度的定义出发,采用三维光学扫描系统对骨料或岩石表面进行测量,并通过计算分别得到了岩石、花岗岩粗骨料、玄武岩粗骨料及特质高硼硅玻璃粗骨料的表面粗糙度 R_a。具体结论如下:

　　(1)为研究骨料类型及其表面粗糙度对界面力学性能的影响,分别采用花岗、玄武岩及石灰岩三种岩石制作了五种不同的表面。通过测量得到石灰岩

岩石的表面粗糙度 R_a 介于 $90.0 \sim 653.4\ \mu m$ 之间；玄武岩岩石的表面粗糙度 R_a 介于 $49.0 \sim 622.5\ \mu m$ 之间；花岗岩岩石的表面粗糙度 R_a 介于 $86.2 \sim 493.5\ \mu m$ 之间。

（2）50 颗花岗岩、玄武岩碎石粗骨料的表面粗糙度 R_a 均值分别为 $446.7\ \mu m$ 和 $252.8\ \mu m$，且二者的表面粗糙度分别服从 $X \sim N(446.7, 19\ 431.2)$ 的正态分布和 $X \sim LN(5.4, 0.3)$ 的对数正态分布。可以发现，碎石粗骨料的表面粗糙度 R_a 均值在经处理的岩石表面粗糙度的范围之内，说明可以用上述岩石来模拟粗骨料进行相关界面力学试验。

（3）利用高硼硅玻璃加工制作了三种具有不同表面粗糙度的骨料，以研究骨料表面粗糙度对混凝土力学性能的影响。通过三维光学扫描系统及相应计算公式获得三种骨料的表面粗糙度 R_a 分别为 $24.0\ \mu m$、$48.3\ \mu m$、$259.6\ \mu m$。可以发现，特质粗骨料的表面粗糙度在碎石粗骨料表面粗糙度的范围之内，因此可以利用特质粗骨料模拟碎石骨料进行相关混凝土力学性能试验。

第3章

骨料表面粗糙度对界面及混凝土力学性能影响的试验研究

本章主要介绍界面力学性能试验和混凝土力学性能试验,以研究骨料表面粗糙度对界面及混凝土力学性能的影响。获得的试验结果,将用于建立骨料表面粗糙度与界面粘结抗拉、抗剪强度及混凝土力学性能之间的关系,同时用于确定细观力学模型中界面弹簧的力学参数及验证数值结果。试验项目分为以下几项:

（1）水泥砂浆力学性能试验;

（2）界面粘结抗拉性能试验;

（3）界面粘结抗剪性能试验;

（4）含有不同表面粗糙度粗骨料的混凝土力学性能试验。

对应的试验目的分别为:为数值模型提供水泥砂浆单元的细观材料参数、建立界面的粘结抗拉强度、界面粘结抗剪强度及混凝土的力学性能与骨料表面粗糙度之间的关系。

3.1 水泥砂浆力学性能

3.1.1 水泥砂浆配合比及试件设计

水泥砂浆力学性能试验的主要目的是为混凝土数值力学模型提供水泥砂浆的力学参数。试验所用水泥砂浆的配合比如表3-1所列。

试验分别设计了水泥砂浆立方体抗压、劈裂受拉和轴心受压试件,以获取水泥砂浆的有（无）约束立方体抗压强度、劈裂抗拉强度、轴心受压强度、弹性模量和泊松比。试件的尺寸及数量见表3-2所列。由于混凝土与界面力学性能试

表 3-1　水泥砂浆配合比

强度等级	水泥用量/kg	砂用量/kg	用水量/kg	水灰比 w/c	配合比 水∶水泥∶砂	每立方米总重/（kg·m⁻³）
材料品种	425号	中砂	自来水	—	—	—
M25	707	1 091	343	0.486	1∶2.06∶3.18	2 141

表 3-2　水泥砂浆力学性能试件列表

试件用途	试件编号	试件尺寸(mm)	试件数量(个)
立方体抗压	MA-1~6	70.7×70.7×70.7	6
界面预留立方体抗压	JA-1~6	70.7×70.7×70.7	6
劈裂抗拉	MC-1~6	70.7×70.7×70.7	6
轴心抗压	MD-1~6	70.7×70.7×230	6

验不是同一批水泥砂浆浇筑而成的,因此在界面试验中预留了水泥砂浆试件,用于实测界面试验中水泥砂浆的强度,为界面粘结抗剪试验结果的分析提供依据。

3.1.2　水泥砂浆立方体抗压强度试验结果

1. 试验方法

仪器设备为同济大学土木工程学院工程结构耐久性试验室的邦威动静万能结构试验系统,最大试验荷载为 500 kN,如图 3-1 所示。

水泥砂浆试件立方体抗压强度测定方法参考中华人民共和国行业标准《建筑砂浆基本性能试验方法》(JGJ/T 70-2009)[103]第 9 章"立方体抗压强度试验"。水泥砂浆立方体抗压强度取值遵循下列规定:① 以三个试件测值的算术平均值作为该组砂浆立方体抗压强度平均值,精确至 0.1 MPa;② 三个试件测值的最大值或最小值中如果有一个与中间值的差值超过中间值的 15%时,把最大值及最小值一并舍去,取中间值作为该组试件的抗压强度值;当两个测值与中间值的差值超过中间值的 15%时,该组试验结果无效。

图 3-1　邦威动力万能结构试验系统

立方体抗压强度试验包括无约束和有约束两种情况：无约束是指预先在试件上下两个端部各放置两层聚四氟乙烯薄膜，以消除加载板对试件的约束作用；有约束的情况则是不对加载端部进行任何处理，考虑加载板对试件的摩擦约束作用。

2. 试验数据及处理

表 3-3 中给出了试验获得的水泥砂浆试件的立方体抗压强度值（包括无约束和有约束）。可以看出，端部放置两层聚四氟乙烯薄膜形成无约束的砂浆立方体抗压强度明显低于有约束的立方体抗压强度，且降低幅度约为 37.4%，与文献[105]通过试验得到的结果降低幅度约为 1/3 相近。

另外，界面预留水泥砂浆试件的立方体抗压强度见表 3-4 所列。

表 3-3　水泥砂浆立方体试件抗压强度值

试件编号	截面面积/ mm^2	破坏荷载/ kN	轴压强度/ MPa	实际龄期/ d	平均值/ MPa	约束情况
MA-1	4 964.72	118.06	22.95	32		
MA-2	4 956.10	150.18	29.32	32	26.27	无约束
MA-3	5 169.58	133.56	26.54	32		
MA-4	5 023.85	210.23	41.45	32		
MA-5	5 073.07	247.42	48.28	32	45.14	有约束
MA-6	4 948.41	235.02	45.69	32		

表 3-4　界面预留水泥砂浆立方体试件抗压强度值

试件编号	截面面积/ mm^2	破坏荷载/ kN	轴压强度/ MPa	实际龄期/ d	平均值/ MPa	约束情况
JA-1	4 964.72	183.74	37.01	32		
JA-2	4 956.10	170.20	34.34	32	36.36	无约束
JA-3	5 169.58	195.09	37.74	32		
JA-4	5 023.85	286.40	57.01	32		
JA-5	5 073.07	302.56	59.641	32	58.00	有约束
JA-6	4 948.41	283.47	57.29	32		

3. 试件破坏形态

图 3-2 给出了端部有约束和无约束情况下试件的破坏形态。从图中可以看出加载板没有约束时，砂浆立方体试件受压破坏所产生的裂缝基本与荷载方

(a) 无约束

(b) 有约束

图 3 - 2 水泥砂浆试件立方体受压破坏形态

向平行,且数量较多;而端部有约束的试件破坏的裂缝则比较少,且呈现出对顶棱锥体的破坏形态。

3.1.3 水泥砂浆劈裂抗拉强度

1. 试验方法

仪器设备同上节相同,为同济大学土木工程学院工程结构耐久性试验室的邦威动静万能结构试验系统,最大试验荷载为 500 kN,如图 3 - 1 所示。

水泥砂浆试件劈裂抗拉强度测定方法参考中华人民共和国国家标准《普通混凝土力学性能试验方法标准(GB/T 50081 - 2002)》[108]第 9 章"劈裂抗拉强度试验"。

劈裂抗拉强度按式(3 - 1)计算:

$$f_{\mathrm{m, ts}} = \frac{2F}{\pi A} = 0.637 \frac{F}{A} \tag{3-1}$$

式中　$f_{\mathrm{m, ts}}$——水泥砂浆的劈裂抗拉强度;

　　　F——试件破坏荷载;

　　　A——试件劈裂面积。

2. 试验结果

表 3 - 5 给出了实测 6 个试件的劈裂抗拉强度。从表中可以看出,水泥砂浆的劈裂抗拉强度平均值为 6.93 MPa。文献[105]通过试验得出水泥砂浆的直接拉伸强度是其劈裂抗拉强度的 60%。根据这一结论,本书水泥砂浆的直接拉伸强度取为 3.34 MPa。

表 3-5　水泥砂浆劈裂抗拉强度值

试件编号	截面面积/mm²	破坏荷载/kN	轴压强度/MPa	平均值/MPa	实际龄期/d
MC-1	4 950.468	56.43	7.07		32
MC-2	4 993.526	58.44	7.29		32
MC-3	5 045.782	52.40	6.57	6.93	32
MC-4	5 024.476	53.76	6.78		32
MC-5	5 193.361	57.50	7.27		32
MC-6	5 022.254	54.34	6.58		32

3. 破坏形态

劈裂抗拉试件的破坏形态如图 3-3 所示,可以看出,所有裂缝均沿着劈裂面发生了破坏。

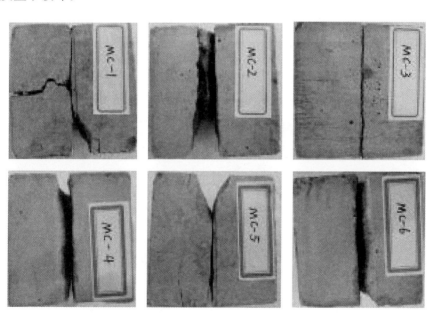

图 3-3　水泥砂浆试件立方体劈裂受拉破坏形态

3.1.4　水泥砂浆轴心抗压强度

1. 试验方法

仪器设备为同济大学土木工程学院工程结构耐久性试验室的邦威高刚度材

图 3 - 4 水泥砂浆轴心 受压试验装置

料试验系统,整体刚度大于 3 GN/m,竖向最大试验荷载为 3 000 kN,如图 3 - 4 所示。该仪器下部加载端内装有球铰,以减小间隙并使试件更接近轴心受压。

水泥砂浆轴心受压强度测定方法参考中华人民共和国行业标准《建筑砂浆基本性能试验方法》(JGJ/T 70 - 2009)[103]第 16 章"静力受压弹性模量试验"。水泥砂浆立方体抗压强度取值遵循下列规定: ① 以三个试件测值的算术平均值作为该组砂浆轴心受压强度平均值;② 三个试件测值的最大值或最小值中如果有一个与中间值的差值超过中间值的 20% 时,把最大值及最小值一并舍去,取中间值作为该组试件的抗压强度值;③ 当两个测值与中间值的差值超过中间值的 20% 时,该组试验结果无效。

水泥砂浆轴心受压强度按式(3 - 2)计算:

$$f_{m,c} = \frac{N_u}{A} \qquad (3 - 2)$$

式中 $f_{m,c}$——为水泥砂浆的轴心受压强度;

N_u——为试件破坏荷载;

A——为试件劈裂面积。

2. 试验结果

水泥砂浆轴心受压强度如表 3 - 6 所列。比较表 3 - 6 与表 3 - 5 可以发现,水泥砂浆劈裂抗拉强度为其轴心受压强度的 15.3%,与文献[105]所得试验结果相近。

表 3 - 6 水泥砂浆轴心受压强度值

试件编号	截面面积/mm²	破坏荷载/kN	轴压强度/MPa	平均值/MPa
MA - 1	5 007.93	193.10	39.72	
MA - 2	5 002.47	137.90	28.23	33.49
MA - 3	5 016.43	163.70	32.52	

3. 破坏形态

图 3 - 5 显示了水泥砂浆轴心受压试件的破坏形态。从图中可以看出,试件

的破坏都是由一条纵向贯穿截面的主要斜裂缝导致,且裂缝的产生到最终破坏的时间间隔较短,破坏发生的比较突然。

图 3 - 5　水泥砂浆轴心受压试件的破坏形态

3.1.5　水泥砂浆静力受压弹性模量及泊松比

1. 试验方法

仪器设备为同济大学土木工程学院工程结构耐久性试验室的邦威动静万能结构试验系统,最大试验荷载为 500 kN,如图 3 - 1 所示。测量标距为 2 cm(水泥砂浆的横向应变)、5 cm(水泥砂浆纵向应变)的电阻应变片若干。在每个试件的相对两个侧面中线的中点位置粘贴纵向应变片,在其中一个纵向应变片的上、下方分别粘贴横向应变片。

水泥砂浆弹性模量测定方法参考中华人民共和国行业标准《建筑砂浆基本性能试验方法(JGJ/T 70 - 2009)》[103]第 16 章"静力受压弹性模量试验"。弹性模量的取值方法同 3.1.4 节中砂浆轴心抗压强度的取值须遵循下列规定:① 以三个试件测值的算术平均值作为该组砂浆轴心弹性模量平均值;② 若其中有一个试件的轴心抗压强度值与决定试验控制荷载的轴心抗压强度值相差超过后者的20%,则弹性模量按另外两个试件测值的算术平均值计算;③ 若有两个试件超过上述规定,则该组试验结果无效。

泊松比的测定方法以及取值方法参考中华人民共和国国家标准《钢丝网水泥用砂浆力学性能试验方法泊松比试验》(GB7897.7 - 90)[109]。泊松比的取值需满足下列规定:① 以三个试件测值的算术平均值作为该组砂浆泊松比平均值;② 如果有一个试件的轴心抗压强度值与用以确定检验控制荷载的轴心抗压强度值相差超过后者的 20％时,泊松比按另外两个试件测值的算术平均值计算;③ 当两个试件超过上述规定时,该组试验结果无效。

加载方法:初始荷载 F_0 为 0.3 MPa,控制荷载 F_a 为 40％的棱柱体轴心抗压强度,持荷时间为 30 s。具体加载制度如图 3 - 6 所示,进行第 5 次加载、恒载、读数之后,计算该次试验的变形值,若与前一次变形值相差不超过测量标距的 2‰时,试验即可结束,否则应重复加载过程,直至符合上述要求为止。水泥砂浆试件的轴心抗压强度见表 3 - 6。弹性模量值按式(3 - 3)计算:

$$E = \frac{F_a - F_0}{A} \times \frac{L}{\Delta n} \qquad (3 - 3)$$

式中　E——弹性模量(MPa);

　　　F_a——试件的破坏荷载(N);

　　　F_0——试件的初始荷载(N);

　　　A——试件劈裂面积(mm^2);

　　　L——应变片测量标距(mm);

　　　Δn——最后一次从 F_0 加载至 F_a 时试件两侧纵向变形差的平均值(mm)。

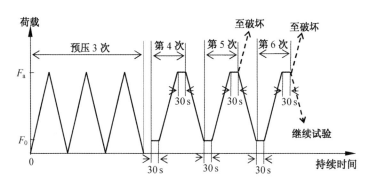

图 3 - 6　水泥砂浆弹性模量加载制度示意图

泊松比按式(3 - 4)计算:

$$v = \frac{\Delta \varepsilon_t}{\Delta \varepsilon_1} \qquad (3 - 4)$$

式中　v——泊松比;

　　　$\Delta \varepsilon_1$——最后一次从 F_0 加载至 F_a 时试件两侧纵向应变差的平均值(mm);

　　　$\Delta \varepsilon_t$——最后一次从 F_0 加载至 F_a 时试件两侧横向应变差的平均值(mm)。

2. 试验结果

试验所测的水泥砂浆弹性模量及泊松比如表 3-7 所列。从表中可以看出，水泥砂浆的弹性模量和泊松比分别为 23 822 MPa 和 0.192。

表 3-7　水泥砂浆的弹性模量及泊松比实测值

试件编号	轴心抗压强度/MPa	弹性模量/MPa	弹性模量平均值/MPa	泊松比	泊松比平均值/MPa
MA-4	29.06	24 228		0.207	
MA-5	28.56	24 705	23 822	0.217	0.192
MA-6	30.62	22 534		0.152	

3.2　界面粘结抗拉性能

3.2.1　界面粘结抗拉性能试验

1. 试验设计

界面粘结抗拉试件的制作方式如图 3-7 所示。首先按照如图 2-11 所示的 5 种方法分别对石灰岩(L)、玄武岩(B)及花岗岩(G)板的表面进行处理，然后将板浸泡 24 h 后擦去表面水分。将有机玻璃套筒管按照预定位置放置在石板上，内部浇筑砂浆，待水泥砂浆硬化后水泥砂浆柱体即可与石板粘结在一起，如图 3-8 所示。

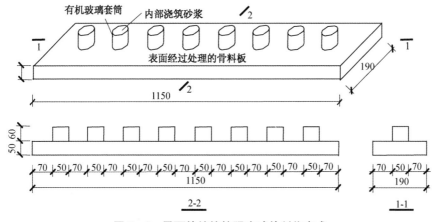

图 3-7　界面粘结抗拉强度试件制作方式

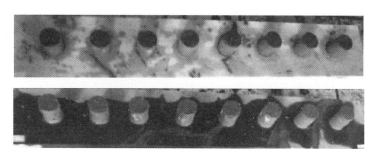

图 3 - 8　界面粘结抗拉强度现场试件

试验中水泥砂浆的配合比如表 3 - 1 所列,设置的界面粘结抗拉强度试件如表 3 - 8 所列。

表 3 - 8　界面粘结抗拉试件列表

编　号	尺寸(mm)	数量(个)	用　途
L/B/G - 220/80/0/P/K - 1～6	Φ50×60	3×5×6=90	界面粘结抗拉强度

2. 试验装置及试验方法

采用拉拔仪测量界面的粘结抗拉强度。仪器设备为同济大学材料与工程学院材料检测室的 SHJ - 40 饰面砖及混凝土粘结强度检测仪,采用拉芯法进行界面粘结强度的测试,如图 3 - 9 所示。

界面粘结抗拉强度的取值方法参考水泥砂浆立方体劈裂抗拉强度取值方法,见 3.1.3 节所述。

试验步骤如下:

(1)用环氧树脂将带有螺栓孔的加载钢盘(直径 50 mm)粘结在砂浆柱体上方,如图 3 - 9(a)所示;

(2)待粘结可靠后(气温较高时,大约 24 h;气温较低时,大约 72 h),在砂浆柱体外侧放置钢垫块,如图 3 - 9(b)所示;

(3)将仪器的中心螺杆旋入加载钢盘的孔内,固定后,按照仪器操作手册[104]的步骤进行试验,读取破坏时的拉力 F(kN),如图 3 - 9(c)—(d)所示;

(4)界面粘结抗拉强度 f_{it}(N/mm²)由式(3 - 5)计算:

$$f_{it} = \frac{F}{\pi d^2/4} \tag{3 - 5}$$

式中,d 为砂浆柱体直径。

(a) 粘贴加载钢盘　　　　　(b) 布置钢垫块

(c) 安装拉拔仪　　　　　(d) 读取荷载

图 3 - 9　界面粘结抗拉试验现场

试验中发现,对于表面粗糙度较小(如 220 干磨)的试件,由于粘结力很小,在安装仪器时,需用手按住砂浆柱体以避免砂浆柱体被旋钮下来。今后试验时可考虑通过降低砂浆柱体的高度或选择最先进的拉拔仪(无须旋进螺杆)来避免此情况。

3. 试验结果

三种岩石的界面粘结抗拉强度试验结果分别列于表 3 - 9—表 3 - 11 中。

表 3 - 9　石灰岩与砂浆的界面粘结抗拉强度值

试件编号	破坏荷载/kN	芯体直径/mm	粘结抗拉强度[a]/MPa	平均值/MPa
L - 220 - 1	—	49.30	搬运碰坏	
L - 220 - 2	0.401	49.30	0.209	
L - 220 - 3	—	49.30	搬运碰坏	
L - 220 - 4	—	49.30	搬运碰坏	0.212
L - 220 - 5	0.414	49.30	0.215	
L - 220 - 6	—	49.30	装仪器扭坏	

试件编号	破坏荷载/kN	芯体直径/mm	粘结抗拉强度[a]/MPa	平均值/MPa
L-80-1	1.918	49.30	0.997	
L-80-2	3.628	49.30	1.886	
L-80-3	2.895	49.30	1.505	
L-80-4	2.843	49.30	1.478	1.537
L-80-5	2.459	49.30	1.278	
L-80-6	5.511	49.30	2.865	
L-0-1	3.540	49.30	1.841	
L-0-2	2.821	49.30	1.467	
L-0-3	2.285	49.30	1.188	
L-0-4	2.912	49.30	1.514	1.681
L-0-5	3.662	49.30	1.904	
L-0-6	4.377	49.30	2.276	
L-P-1	7.464	49.30	3.881	
L-P-2	5.075	49.30	2.639	
L-P-3	6.139	49.30	3.192	
L-P-4	—	49.30	装仪器扭坏	2.639
L-P-5	—	49.30	搬运碰坏	
L-P-6	—	49.30	装仪器扭坏	
L-K-1	5.511	49.30	2.865	
L-K-2	6.470	49.30	3.364	
L-K-3	6.470	49.30	3.364	
L-K-4	8.310	49.30	4.320	3.862
L-K-5	8.916	49.30	4.636	
L-K-6	8.463	49.30	4.400	

备注：a—斜体表示最大值或最小值与中间（平均）值相差超过15%而舍去。

表 3‐10　玄武岩与砂浆的界面粘结抗拉强度值

试件编号	破坏荷载/kN	芯体直径/mm	粘结抗拉强度[a]/MPa	平均值/MPa
B‐220‐1	0.035	49.30	0.018	
B‐220‐2	—	49.30	装仪器扭坏	
B‐220‐3	—	49.30	装仪器扭坏	
B‐220‐4	—	49.30	装仪器扭坏	0.018
B‐220‐5	0.048	49.30	0.025	
B‐220‐6	0.033	49.30	0.017	
B‐80‐1	0.273	49.30	0.143	
B‐80‐2	—	49.30	装仪器扭坏	
B‐80‐3	0.299	49.30	0.157	
B‐80‐4	—	49.30	装仪器扭坏	0.150
B‐80‐5	—	49.30	装仪器扭坏	
B‐80‐6	—	49.30	装仪器扭坏	
B‐0‐1	1.604	49.30	0.841	
B‐0‐2	1.692	49.30	0.887	
B‐0‐3	2.372	49.30	1.243	
B‐0‐4	1.901	49.30	0.996	0.859
B‐0‐5	1.360	49.30	0.713	
B‐0‐6	1.046	49.30	0.548	
B‐P‐1	2.860	49.30	1.499	
B‐P‐2	3.174	49.30	1.664	
B‐P‐3	2.651	49.30	1.389	
B‐P‐4	4.273	49.30	2.239	1.693
B‐P‐5	2.215	49.30	1.161	
B‐P‐6	4.238	49.30	2.221	
B‐K‐1	4.186	49.30	2.194	
B‐K‐2	3.401	49.30	1.782	
B‐K‐3	—	49.30	装仪器扭坏	
B‐K‐4	—	49.30	装仪器扭坏	2.084
B‐K‐5	5.441	49.30	2.852	
B‐K‐6	3.767	49.50	1.974	

备注：a—斜体表示最大值或最小值与中间（平均）值相差超过 15% 而舍去。

表 3 - 11 花岗岩与砂浆的界面粘结抗拉强度值

试件编号	破坏荷载/kN	芯体直径/mm	粘结抗拉强度ᵃ/MPa	平均值/MPa
G - 220 - 1	3.593	49.30	1.883	
G - 220 - 2	4.395	49.30	2.303	
G - 220 - 3	7.034	49.30	2.691	
G - 220 - 4	7.761	49.30	4.068	2.302
G - 220 - 5	4.360	49.30	2.285	
G - 220 - 6	3.680	49.30	1.929	
G - 80 - 1	5.912	49.30	3.099	
G - 80 - 2	7.116	49.30	3.729	
G - 80 - 3	4.046	49.30	2.121	
G - 80 - 4	3.732	49.30	1.956	2.898
G - 80 - 5	6.296	49.30	3.300	
G - 80 - 6	5.040	49.30	2.642	
G - 0 - 1	6.248	49.30	3.275	
G - 0 - 2	7.307	49.30	3.830	
G - 0 - 3	4.430	49.30	2.322	
G - 0 - 4	3.889	49.30	2.038	2.983
G - 0 - 5	5.729	49.30	3.003	
G - 0 - 6	5.302	49.30	2.779	
G - P - 1	5.899	49.30	3.092	
G - P - 2	7.682	49.30	3.188	
G - P - 3	9.522	49.30	4.991	
G - P - 4	6.714	49.30	3.152	3.162
G - P - 5	5.372	49.30	2.815	
G - P - 6	6.139	49.30	3.218	
G - K - 1	5.511	49.30	2.888	
G - K - 2	6.296	49.30	3.300	
G - K - 3	7.691	49.30	4.031	
G - K - 4	9.069	49.30	4.753	3.741
G - K - 5	7.464	49.30	3.912	
G - K - 6	7.098	49.30	3.720	

备注：a—斜体表示最大值或最小值与中间(平均)值相差超过 15% 而舍去。

界面粘结抗拉强度试验中发现,试件的破坏形态可分为三种:① 水泥砂浆柱体从岩石骨料表面完整脱离,如图 3-10(a)所示;② 部分水泥砂浆被拉断,部分完整脱离,如图 3-10(b)所示;③ 部分骨料被拔出,剩余水泥砂浆完整脱离,如图 3-10(c)所示。

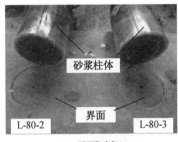

(a) 界面破坏　　　　　　　　(b) 部分砂浆被拉断

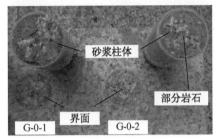

(c) 部分岩石被拔出

图 3-10　界面粘结抗拉试件破坏形态

3.2.2　骨料表面粗糙度对界面粘结抗拉性能的影响

界面粘结抗拉强度与骨料表面粗糙度的关系如图 3-11 所示,从图中可以看出,界面的粘结抗拉强度随着骨料表面粗糙度的增加而提高,与 Rao 等[26]的试验结果一致。但强度的提高幅度随骨料表面粗糙度的增加逐渐降低。从图中还可发现,不同的岩石骨料与水泥砂浆之间的界面粘结抗拉强度不同,如石灰岩与水泥砂浆间的界面抗拉强度提高最明显,在 R_a 小于 400 μm 时花岗岩与水泥砂浆间的界面抗拉强度最高。Tasong 等[25]通过试验也得到相似的结果。这是因为花岗岩含有较高的硅盐,其释放大量的 Si^{+4} 能增强花岗岩骨料与水泥砂浆之间的粘结强度[25],所以试件中发现部分花岗岩骨料表面被拉断;石灰岩由于强度较低,在 L-K 类试件中发现部分骨料被拉断,因此抗拉强度提高较大;玄武岩由于强度较高,除了 B-K 类试件中有部分砂浆被拉坏之外,其余所有破坏

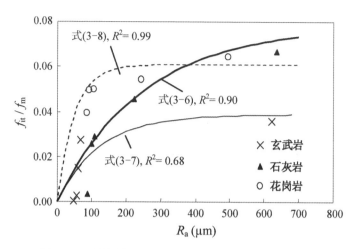

图 3 - 11　骨料表面粗糙度对界面粘结抗拉强度的影响

均发生在界面,因此其强度提高得较小。

　　为建立界面粘结抗拉强度与骨料表面粗糙度的关系,采用幂函数对二者关系进行拟合,拟合形式及参数见表 3 - 12 所列。另外,从图 3 - 11 中可以看出,当骨料表面粗糙度 R_a 小于 100 μm 时,界面粘结抗拉强度很小。并且第 2.3 节的结果表明,真实粗骨料的表面粗糙度 R_a 通常大于 100 μm,粗糙度 R_a 为 0 的情况几乎没有。因此,在拟合过程中,假设粗糙度 R_a 为 0 时,界面粘结抗拉强度也为 0。石灰岩、玄武岩及花岗岩的拟合公式分别如下:

$$f_{it}^{L}/f_{m} = -0.078 \times 0.996^{R_a} + 0.078 \tag{3-6}$$

$$f_{it}^{B}/f_{m} = -0.039 \times 0.992^{R_a} + 0.039 \tag{3-7}$$

$$f_{it}^{G}/f_{m} = -0.061 \times 0.996^{R_a} + 0.061 \tag{3-8}$$

式中,f_{it}^{L}、f_{it}^{B}、f_{it}^{G} 分别表示石灰岩、玄武岩及花岗岩骨料与水泥砂浆间界面的粘结抗拉强度;f_m 表示水泥砂浆轴心抗压强度;R_a 为骨料表面粗糙度,单位为 μm。

表 3 - 12　界面粘结抗拉强度与骨料表面粗糙度的拟合结果

拟合公式形式	$f_{it}/f_m = a \cdot b^{R_a} + d$		
岩石类型	石灰岩	玄武岩	花岗岩
系数 a	−0.078	−0.039	−0.061
系数 b	0.996	0.992	0.986
系数 d	0.078	0.039	0.061
相关系数 R^2	0.90	0.68	0.99

拟合曲线如图 3-11 所示。从图中可以看出,拟合曲线能较好地反映 f_{it} 随 R_a 的变化,且相关系数分别为 0.90、0.68 和 0.99,拟合效果较好。另外,从图 3-11 还发现,随着 R_a 的增大,f_{it}^L、f_{it}^B、f_{it}^G 均趋于定值,分别为 0.078、0.039 和 0.061。这是因为当骨料表面粗糙度增大到一定程度后,骨料与水泥砂浆间界面的破坏表现为水泥砂浆或骨料被拉坏,而不再由界面粘结抗拉强度控制。

3.3　界面粘结抗剪性能

3.3.1　界面粘结抗剪性能试验

1. 试验设计

粘结抗剪强度试验的试件形式如图 3-12 所示[29]。水泥砂浆配合比如表 3-1 所示,骨料分别采用石灰岩、玄武岩和花岗岩。根据应力莫尔圆,可以得到水泥砂浆和粗骨料界面上正应力、剪应力以及破坏荷载之间的关系,见图 3-12(b) 及式(3-9)。通过改变骨料切割面的倾角,可获得不同的界面正应力和剪应力的关系[图 3-12(c)],该关系可用 Mohr-Coulomb 形式的破坏准则[式(3-10)] 描述。骨料表面粗糙度不同,破坏准则表达式亦可能不同。

$$\begin{cases} \sigma_i = P/A \cdot \sin^2\alpha \\ \tau_i = P/A \cdot \sin\alpha\cos\alpha \end{cases} \tag{3-9}$$

$$\tau_i = \sigma_i \tan\phi + c \tag{3-10}$$

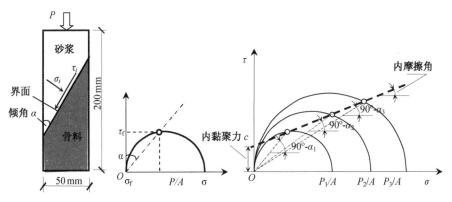

(a) 试件形式　(b) 根据破坏荷载求界面应力　(c) 根据不同倾角求破坏准则

图 3-12　界面粘结抗剪试件制作方式

式中　τ_i——骨料与砂浆之间界面的剪应力；

　　　σ_i——骨料与砂浆之间界面的压应力；

　　　P——界面压剪试件的破坏荷载；

　　　A——界面试件的横截面积；

　　　α——骨料切割的上部倾角；

　　　ϕ——内摩擦角；

　　　c——内黏聚力。

根据上述原理，试验利用花岗岩、玄武岩及石灰岩，设计了 40°、50°、60°三种不同倾角的粗骨料，通过机械切割达到角度要求（需要说明的是，由于 30°倾角太小，机械切割时，岩石边容易崩裂，因此未能获得具有 30°倾角的粗骨料）。最后对切割的表面采用如图 2-11 所示的五种方法进行处理，得到的骨料表面粗糙度如表 2-4 所列，任意相同情况下，均有 4 个试件。试验现场的试件如图 3-13 所示。

图 3-13　界面粘结抗剪强度现场试件

试验仪器设备为同济大学土木工程学院工程结构耐久性试验室的邦威动静万能结构试验系统，最大试验荷载为 500 kN，如图 3-1 所示。该仪器上部加载端内装有球铰。

2. 试验结果

三种岩石与砂浆的界面粘结抗剪试验结果分别如表 3-13—表 3-19 所列。其中界面的正应力及剪应力分量，根据式（3-9）求出，表中砂浆的抗压强度 f_m 为表 3-6 所列的界面砂浆轴心抗压强度。另外，表中试件编号遵循以下原则：① 与之前相同，编号的首位字母 L、B、G 分别表示石灰岩、玄武岩及花岗岩，第二个数字（或字母）220、80、0、P 及 K 分别表示经过 220 目干磨、80 目干磨、切割、喷砂及刻痕处理的岩石表面；② 第三个数字 40、50 和 60 表示骨料的倾角 α 分别为 40°、50°和 60°；③ 最后一位数字则表示同一组中单个试件编号。如 L-P-40-2 表示表面经过喷砂处理、倾角为 40°的石灰岩界面粘结抗剪试件 2。

表 3 - 13　石灰岩与砂浆的界面粘结抗剪强度试验值 (1)

试件编号	截面积 A/mm²	破坏荷载 P/kN	倾角 α	正应力 σ_i/(N·mm⁻²)	剪应力 τ_i/(N·mm⁻²)	σ_i/f_m	τ_i/f_m	破坏形态	实际龄期/d
L - 220 - 40 - 1	2 232.56	33.47	40	6.19	8.80	0.11	0.15	界面剪切	53
L - 220 - 40 - 2	2 439.11	44.39	40	7.51	10.69	0.13	0.18	界面剪切	53
L - 220 - 40 - 3	2 434.70	41.09	40	6.97	9.91	0.12	0.17	界面剪切	53
L - 220 - 40 - 4	2 294.05	38.68	40	6.96	9.90	0.12	0.17	界面剪切	53
L - 80 - 40 - 1	2 375.84	68.39	40	11.88	16.90	0.20	0.29	界面剪切	53
L - 80 - 40 - 2	2 377.38	43.12	40	7.49	10.65	0.13	0.18	界面剪切	53
L - 80 - 40 - 3	2 581.59	31.98	40	5.11	7.27	0.09	0.13	界面剪切	53
L - 80 - 40 - 4	2 488.22	48.5	40	8.05	11.45	0.14	0.20	界面剪切	53
L - 0 - 40 - 1	2 265.51	65.52	40	11.94	16.98	0.21	0.29	界面剪切	53
L - 0 - 40 - 2	2 357.90	54.23	40	9.49	13.50	0.16	0.23	界面剪切	53
L - 0 - 40 - 3	2 375.15	62.48	40	10.86	15.45	0.19	0.27	界面剪切	53
L - 0 - 40 - 4	2 348.35	74.02	40	13.01	18.51	0.22	0.32	界面剪切	53
L - P - 40 - 1	2 398.02	100.81	40	17.35	24.68	0.30	0.43	界面剪切	53
L - P - 40 - 2	2 303.36	88.81	40	15.92	22.64	0.27	0.39	界面剪切	53
L - P - 40 - 3	2 337.66	113.26	40	20.00	28.45	0.34	0.49	界面剪切	53
L - P - 40 - 4	2 279.94	112.51	40	20.37	28.98	0.35	0.50	界面剪切	53
L - K - 40 - 1	2 345.34	108.3	40	19.06	27.11	0.33	0.47	界面剪切	53
L - K - 40 - 2	2 342.75	128.12	40	22.58	32.11	0.39	0.55	界面剪切	53

表 3 - 14 石灰岩与砂浆的界面粘结抗剪强度试验值（2）

试件编号	截面积 A/mm^2	破坏荷载 P/kN	倾角 α	正应力 $\sigma_i/$ $(\text{N} \cdot \text{mm}^{-2})$	剪应力 $\tau_i/$ $(\text{N} \cdot \text{mm}^{-2})$	σ_i/f_m	τ_i/f_m	破坏形态	实际龄期/ d
L-K-40-3	2 368.49	128.07	40	22.32	31.75	0.38	0.55	界面剪切	53
L-K-40-4	2 478.04	123.43	40	20.56	29.25	0.35	0.50	界面剪切	53
L-220-50-1	2 423.59	98.93	50	23.94	16.88	0.41	0.29	界面剪切	53
L-220-50-2	2 366.76	99.13	50	24.56	17.32	0.42	0.30	界面剪切	53
L-220-50-3	2 350.34	113.03	50	28.20	19.89	0.49	0.34	界面剪切	53
L-220-50-4	2 289.06	86.52	50	22.16	15.63	0.38	0.27	界面剪切	53
L-80-50-1	2 360.98	96.12	50	23.87	16.84	0.41	0.29	界面剪切	54
L-80-50-2	2 393.04	109.92	50	26.93	19.00	0.46	0.33	界面剪切	54
L-80-50-3	2 364.57	114.52	50	28.40	20.03	0.49	0.35	界面剪切	54
L-80-50-4	2 402.84	104.07	50	25.40	17.91	0.44	0.31	界面剪切	54
L-0-50-1	2 420.39	122.62	50	29.71	20.95	0.51	0.36	界面剪切	54
L-0-50-2	2 330.92	98.87	50	24.87	17.54	0.43	0.30	界面剪切	54
L-0-50-3	2 364.85	106.45	50	26.40	18.62	0.46	0.32	界面剪切	54
L-0-50-4	2 403.87	118.66	50	28.95	20.42	0.50	0.35	界面剪切	54
L-P-50-1	2 415.50	109.55	50	26.59	18.76	0.46	0.32	界面剪切	54
L-P-50-2	2 308.74	124.44	50	31.61	22.29	0.54	0.38	界面剪切	54
L-P-50-3	2 297.70	121.73	50	31.07	21.91	0.54	0.38	界面剪切	54
L-P-50-4	2 278.90	95.09	50	24.47	17.26	0.42	0.30	界面剪切	54
L-K-50-1	2 320.13	133.51	50	33.74	23.80	0.58	0.41	界面剪切	54

续　表

试件编号	截面积 A/mm^2	破坏荷载 P/kN	倾角 α	正应力 $\sigma_i/$ $(\text{N}\cdot\text{mm}^{-2})$	剪应力 $\tau_i/$ $(\text{N}\cdot\text{mm}^{-2})$	σ_i/f_m	τ_i/f_m	破坏形态	实际龄期/ d
L-K-50-2	2 386.10	134.73	50	33.11	23.35	0.57	0.40	界面剪切	54
L-K-50-3	2 458.02	141.97	50	33.87	23.89	0.58	0.41	受压破坏	54
L-K-50-4	2 446.29	114.06	50	27.34	19.28	0.47	0.33	界面剪切	54
L-220-60-1	2 465.34	95.40	60	29.00	9.69	0.50	0.17	界面剪切	54
L-220-60-2	2 369.51	151.18	60	47.82	15.98	0.82	0.28	受压破坏	54
L-220-60-3	2 450.24	123.24	60	37.70	12.60	0.65	0.22	受压破坏	54
L-220-60-4	2 353.20	148.40	60	47.27	15.79	0.81	0.27	受压破坏	54
L-80-60-1	2 469.73	135.37	60	41.08	13.73	0.71	0.24	受压破坏	54
L-80-60-2	2 405.90	127.52	60	39.73	13.28	0.68	0.23	受压破坏	54
L-80-60-3	2 373.44	145.55	60	45.97	15.36	0.79	0.26	受压破坏	54
L-80-60-4	2 462.86	157.00	60	47.78	15.97	0.82	0.28	受压破坏	54
L-0-60-1	2 499.71	139.50	60	41.83	13.98	0.72	0.24	受压破坏	54
L-0-60-2	2 480.66	123.17	60	37.22	12.44	0.64	0.21	受压破坏	54
L-0-60-3	2 497.69	154.24	60	46.29	15.47	0.80	0.27	受压破坏	54
L-0-60-4	2 382.37	115.72	60	36.41	12.17	0.63	0.21	受压破坏	54
L-P-60-1	2 364.88	117.80	60	37.34	12.48	0.64	0.22	受压破坏	54
L-P-60-2	2 252.12	136.05	60	45.28	15.13	0.78	0.26	受压破坏	54
L-P-60-3	2 335.79	125.95	60	40.42	13.51	0.70	0.23	受压破坏	54
L-P-60-4	2 357.08	115.92	60	36.86	12.32	0.64	0.21	受压破坏	54

表 3-15 石灰岩与砂浆的界面粘结抗剪强度试验值（3）

试件编号	截面积 A/mm^2	破坏荷载 P/kN	倾角 α	正应力 $\sigma_i/$ $(\text{N}\cdot\text{mm}^{-2})$	剪应力 $\tau_i/$ $(\text{N}\cdot\text{mm}^{-2})$	σ_i/f_m	τ_i/f_m	破坏形态	实际龄期/d
L-K-60-1	2 382.07	122.97	60	38.69	12.93	0.67	0.22	受压破坏	54
L-K-60-2	2 395.98	116.00	60	36.29	12.13	0.63	0.21	受压破坏	54
L-K-60-3	2 341.59	151.56	60	48.51	16.21	0.84	0.28	受压破坏	54
L-K-60-4	2 342.56	122.68	60	39.25	13.12	0.68	0.23	受压破坏	54

表 3-16 玄武岩与砂浆的界面粘结抗剪强度试验值（1）

试件编号	截面积 A/mm^2	破坏荷载 P/kN	倾角 α	正应力 $\sigma_i/$ $(\text{N}\cdot\text{mm}^{-2})$	剪应力 $\tau_i/$ $(\text{N}\cdot\text{mm}^{-2})$	σ_i/f_m	τ_i/f_m	破坏形态	实际龄期/d
B-220-40-1	2 360.79	4.88	40	0.85	1.21	0.01	0.02	界面剪切	49
B-220-40-2	2 303.77	11.03	40	1.98	2.81	0.03	0.05	界面剪切	49
B-220-40-3	1 999.04	5.36	40	1.11	1.57	0.02	0.03	界面剪切	49
B-220-40-4	2 418.59	5.02	40	0.86	1.22	0.01	0.02	界面剪切	49
B-80-40-1	2 380.80	41.14	40	7.13	10.15	0.12	0.17	界面剪切	49
B-80-40-2	2 374.35	—	—	—	—	—	—	搬运损坏	—
B-80-40-3	—	—	—	—	—	—	—	拆模损坏	—
B-80-40-4	2 279.08	42.54	40	7.71	10.96	0.13	0.19	界面剪切	49
B-0-40-1	2 318.14	40.03	40	7.13	10.14	0.12	0.17	界面剪切	49
B-0-40-2	2 390.85	66.88	40	11.55	16.43	0.20	0.28	界面剪切	49
B-0-40-3	2 238.20	77.28	40	14.25	20.27	0.25	0.35	界面剪切	49

续　表

试件编号	截面积 A/mm²	破坏荷载 P/kN	倾角 α	正应力 σ_i/(N·mm⁻²)	剪应力 τ_i/(N·mm⁻²)	σ_i/f_m	τ_i/f_m	破坏形态	实际龄期/d
B-0-40-4	2 293.95	50.47	40	9.08	12.92	0.16	0.22	界面剪切	49
B-P-40-1	2 478.05	87.9	40	14.64	20.83	0.25	0.36	界面剪切	49
B-P-40-2	2 326.39	78.03	40	13.85	19.69	0.24	0.34	界面剪切	49
B-P-40-3	2 368.77	79.57	40	13.87	19.72	0.24	0.34	界面剪切	49
B-P-40-4	2 327.50	59.33	40	10.52	14.97	0.18	0.26	界面剪切	49
B-K-40-1	2 395.12	80.64	40	13.90	19.77	0.24	0.34	界面剪切	49
B-K-40-2	2 085.83	87.91	40	17.40	24.75	0.30	0.43	界面剪切	49
B-K-40-3	2 317.95	87.92	40	15.66	22.27	0.27	0.38	界面剪切	49
B-K-40-4	2 334.30	95.77	40	16.94	24.09	0.29	0.42	界面剪切	49
B-220-50-1	2 454.90	20.75	50	4.96	3.50	0.09	0.06	界面剪切	49
B-220-50-2	2 318.50	31.99	50	8.09	5.71	0.14	0.10	界面剪切	49
B-220-50-3	2 359.83	—	—	—	—	—	—	搬运损坏	—
B-220-50-4	2 349.14	31.26	50	7.80	5.50	0.13	0.09	界面剪切	49
B-80-50-1	2 396.97	88.42	50	21.63	15.26	0.37	0.26	界面剪切	50
B-80-50-2	2 503.48	55.89	50	13.09	9.23	0.23	0.16	界面剪切	50
B-80-50-3	2 451.96	81.72	50	19.54	13.79	0.34	0.24	界面剪切	50
B-80-50-4	2 494.00	72.14	50	16.96	11.96	0.29	0.21	界面剪切	50
B-0-50-1	2 524.00	119.47	50	27.76	19.58	0.48	0.34	界面剪切	50

表 3 - 17　玄武岩与砂浆的界面粘结抗剪强度试验值(2)

试件编号	截面积 A/mm²	破坏荷载 P/kN	倾角 α	正应力 σ_i/ (N·mm⁻²)	剪应力 τ_i/ (N·mm⁻²)	σ_i/f_m	τ_i/f_m	破坏形态	实际龄期/ d
B - 0 - 50 - 2	2 491.94	123.92	50	29.16	20.57	0.50	0.35	界面剪切	50
B - 0 - 50 - 3	2 373.38	120.43	50	29.75	20.99	0.51	0.36	界面剪切	50
B - 0 - 50 - 4	2 453.78	150.22	50	35.90	25.32	0.62	0.44	受压破坏	50
B - P - 50 - 1	2 133.50	102.34	50	28.13	19.84	0.48	0.34	界面剪切	50
B - P - 50 - 2	2 156.42	130.11	50	35.38	24.96	0.61	0.43	界面剪切	50
B - P - 50 - 3	2 052.86	98.89	50	28.25	19.92	0.49	0.34	界面剪切	50
B - P - 50 - 4	2 005.15	114.78	50	33.57	23.68	0.58	0.41	界面剪切	50
B - K - 50 - 1	2 002.88	85.55	50	25.05	17.67	0.43	0.30	界面剪切	50
B - K - 50 - 2	2 014.95	88.88	50	25.87	18.24	0.45	0.31	界面剪切	50
B - K - 50 - 3	2 352.89	136.54	50	34.03	24.00	0.59	0.41	界面剪切	50
B - K - 50 - 4	2 357.66	154.89	50	38.52	27.17	0.66	0.47	受压破坏	50
B - 220 - 60 - 1	2 361.35	165.68	60	52.59	17.57	0.91	0.30	受压破坏	50
B - 220 - 60 - 2	2 374.55	165.78	60	52.33	17.49	0.90	0.30	受压破坏	50
B - 220 - 60 - 3	2 327.20	144.72	60	46.61	15.58	0.80	0.27	受压破坏	50
B - 220 - 60 - 4	2 350.52	162.9	60	51.95	17.36	0.90	0.30	受压破坏	50
B - 80 - 60 - 1	—	—	—	—	—	—	—	拆模损坏	—
B - 80 - 60 - 2	—	—	—	—	—	—	—	拆模损坏	—
B - 80 - 60 - 3	2 308.11	164.27	60	53.35	17.83	0.92	0.31	受压破坏	50
B - 80 - 60 - 4	2 355.39	132.3	60	42.10	14.07	0.73	0.24	受压破坏	50
B - 0 - 60 - 1	2 378.53	154.17	60	48.58	16.23	0.84	0.28	受压破坏	50

续　表

试件编号	截面积 A/mm^2	破坏荷载 P/kN	倾角 α	正应力 $\sigma_i/$ $(\text{N} \cdot \text{mm}^{-2})$	剪应力 $\tau_i/$ $(\text{N} \cdot \text{mm}^{-2})$	σ_i/f_m	τ_i/f_m	破坏形态	实际龄期/ d
B - 0 - 60 - 2	2 328.58	144.98	60	46.67	15.59	0.80	0.27	受压破坏	50
B - 0 - 60 - 3	2 367.45	138.53	60	43.86	14.66	0.76	0.25	受压破坏	50
B - 0 - 60 - 4	2 359.41	147.86	60	46.97	15.70	0.81	0.27	受压破坏	50
B - P - 60 - 1	2 366.91	140.94	60	44.63	14.91	0.77	0.26	受压破坏	50
B - P - 60 - 2	2 416.27	130.28	60	40.41	13.50	0.70	0.23	受压破坏	50
B - P - 60 - 3	2 347.79	147.95	60	47.23	15.78	0.81	0.27	受压破坏	50
B - P - 60 - 4	2 323.06	153.78	60	49.62	16.58	0.86	0.29	受压破坏	50
B - K - 60 - 1	2 316.38	154.9	60	50.12	16.75	0.86	0.29	受压破坏	51
B - K - 60 - 2	2 357.40	147.21	60	46.81	15.64	0.81	0.27	受压破坏	51
B - K - 60 - 3	2 343.86	154.97	60	49.56	16.56	0.85	0.29	受压破坏	51
B - K - 60 - 4	2 321.83	141.02	60	45.52	15.21	0.78	0.26	受压破坏	51

表 3 - 18　花岗岩与砂浆的界面粘结抗剪强度试验值(1)

试件编号	截面积 A/mm^2	破坏荷载 P/kN	倾角 α	正应力 $\sigma_i/$ $(\text{N} \cdot \text{mm}^{-2})$	剪应力 $\tau_i/$ $(\text{N} \cdot \text{mm}^{-2})$	σ_i/f_m	τ_i/f_m	破坏形态	实际龄期/ d
G - 220 - 40 - 1	2 514.30	47.57	40	7.81	11.11	0.13	0.19	界面剪切	51
G - 220 - 40 - 2	2 377.72	30.48	40	5.29	7.53	0.09	0.13	界面剪切	51
G - 220 - 40 - 3	2 294.47	32.51	40	5.85	8.32	0.10	0.14	界面剪切	51
G - 220 - 40 - 4	2 368.26	52.92	40	9.22	13.12	0.16	0.23	界面剪切	51
G - 80 - 40 - 1	2 373.00	72.3	40	12.58	17.89	0.22	0.31	界面剪切	51

续 表

试件编号	截面积 A/mm^2	破坏荷载 P/kN	倾角 α	正应力 $\sigma_i/$ $(N \cdot mm^{-2})$	剪应力 $\tau_i/$ $(N \cdot mm^{-2})$	σ_i/f_m	τ_i/f_m	破坏形态	实际龄期/ d
G-80-40-2	2 343.70	105.41	40	18.57	26.41	0.32	0.46	界面剪切	51
G-80-40-3	2 419.20	32.01	40	5.46	7.77	0.09	0.13	界面剪切	51
G-80-40-4	2 365.04	71.39	40	12.46	17.72	0.21	0.31	界面剪切	51
G-0-40-1	2 330.07	110.34	40	19.55	27.81	0.34	0.48	界面剪切	51
G-0-40-2	2 271.28	117.96	40	21.44	30.50	0.37	0.53	界面剪切	51
G-0-40-3	2 379.40	92.19	40	16.00	22.75	0.28	0.39	界面剪切	51
G-0-40-4	2 316.19	136.18	40	24.27	34.52	0.42	0.60	界面剪切	51
G-P-40-1	2 375.15	116.08	40	20.18	28.70	0.35	0.49	界面剪切	51
G-P-40-2	2 337.44	132.38	40	23.38	33.25	0.40	0.57	界面剪切	51
G-P-40-3	2 329.03	119.38	40	21.16	30.10	0.36	0.52	界面剪切	51
G-P-40-4	2 296.60	123.5	40	22.20	31.58	0.38	0.54	界面剪切	51
G-K-40-1	2 391.53	102.66	40	17.72	25.21	0.31	0.43	界面剪切	51
G-K-40-2	2 226.89	113.4	40	21.02	29.90	0.36	0.52	界面剪切	51
G-K-40-3	2 431.50	150.76	40	25.60	36.41	0.44	0.63	界面剪切	51
G-K-40-4	2 433.31	151.76	40	25.75	36.62	0.44	0.63	界面剪切	51
G-220-50-1	2 363.17	—	—	—	—	—	—	搬运损坏	—
G-220-50-2	2 335.91	104.2	50	26.16	18.45	0.45	0.32	界面剪切	52
G-220-50-3	2 320.07	111.56	50	28.20	19.89	0.49	0.34	界面剪切	52
G-220-50-4	2 410.38	93.79	50	22.82	16.09	0.39	0.28	界面剪切	52
G-80-50-1	2 357.71	128.62	50	31.99	22.56	0.55	0.39	界面剪切	52

续　表

试件编号	截面积 A/mm²	破坏荷载 P/kN	倾角 α	正应力 σ_i/(N·mm⁻²)	剪应力 τ_i/(N·mm⁻²)	σ_i/f_m	τ_i/f_m	破坏形态	实际龄期/d
G-80-50-2	2 327.50	105.77	50	26.65	18.80	0.46	0.32	界面剪切	52
G-80-50-3	2 347.20	103.9	50	25.96	18.31	0.45	0.32	界面剪切	52
G-80-50-4	2 410.63	133.37	50	32.44	22.88	0.56	0.39	界面剪切	52
G-0-50-1	2 411.42	85.26	50	20.73	14.62	0.36	0.25	界面剪切	52
G-0-50-2	2 417.24	107.44	50	26.06	18.38	0.45	0.32	界面剪切	52
G-0-50-3	2 405.18	139.93	50	34.12	24.06	0.59	0.41	界面剪切	52
G-0-50-4	2 400.69	103.51	50	25.28	17.83	0.44	0.31	界面剪切	52
G-P-50-1	2 387.68	152.98	50	37.57	26.50	0.65	0.46	砂浆受压	52
G-P-50-2	2 402.90	99.25	50	24.22	17.08	0.42	0.29	界面剪切	52
G-P-50-3	2 432.69	153.69	50	37.05	26.13	0.64	0.45	界面剪切	52
G-P-50-4	2 304.72	139.78	50	35.56	25.09	0.61	0.43	界面剪切	52

表 3 - 19　花岗岩与砂浆的界面粘结抗剪强度试验值（2）

试件编号	截面积 A/mm²	破坏荷载 P/kN	倾角 α	正应力 σ_i/(N·mm⁻²)	剪应力 τ_i/(N·mm⁻²)	σ_i/f_m	τ_i/f_m	破坏形态	实际龄期/d
G-K-50-1	2 300.82	147.63	50	37.63	26.54	0.65	0.46	界面剪切	52
G-K-50-2	2 408.60	150.23	50	36.57	25.80	0.63	0.44	受压破坏	52
G-K-50-3	2 255.94	146.31	50	38.03	26.82	0.66	0.46	受压破坏	52
G-K-50-4	2 395.82	131.72	50	32.24	22.74	0.56	0.39	界面剪切	52
G-220-60-1	2 310.73	150.01	60	48.66	16.26	0.84	0.28	受压破坏	52

续　表

试件编号	截面积 A/mm²	破坏荷载 P/kN	倾角 α	正应力 σᵢ/(N·mm⁻²)	剪应力 τᵢ/(N·mm⁻²)	σ_i/f_m	τ_i/f_m	破坏形态	实际龄期/d
G-220-60-2	2 458.18	167.97	60	51.22	17.11	0.88	0.30	受压破坏	52
G-220-60-3	2 395.88	114.2	60	35.73	11.94	0.62	0.21	界面剪切	52
G-220-60-4	2 367.79	119.99	60	37.98	12.69	0.65	0.22	界面剪切	52
G-80-60-1	2 479.98	130.54	60	39.45	13.18	0.68	0.23	受压破坏	52
G-80-60-2	2 263.75	142.95	60	47.33	15.82	0.82	0.27	受压破坏	52
G-80-60-3	2 375.18	146.9	60	46.36	15.49	0.80	0.27	受压破坏	52
G-80-60-4	2 356.04	128.1	60	40.75	13.62	0.70	0.23	受压破坏	52
G-0-60-1	2 331.58	132.37	60	42.55	14.22	0.73	0.25	受压破坏	52
G-0-60-2	2 227.82	125.15	60	42.11	14.07	0.73	0.24	受压破坏	52
G-0-60-3	2 220.61	145.55	60	49.13	16.42	0.85	0.28	受压破坏	52
G-0-60-4	2 219.30	130.24	60	43.99	14.70	0.76	0.25	受压破坏	52
G-P-60-1	2 471.06	143.05	60	43.39	14.50	0.75	0.25	受压破坏	53
G-P-60-2	2 423.20	131.61	60	40.71	13.60	0.70	0.23	受压破坏	53
G-P-60-3	2 360.82	140.17	60	44.50	14.87	0.77	0.26	受压破坏	53
G-P-60-4	2 282.28	97.4	60	31.99	10.69	0.55	0.18	界面剪切	53
G-K-60-1	2 471.07	149.57	60	45.37	15.16	0.78	0.26	受压破坏	53
G-K-60-2	2 400.84	140.2	60	43.77	14.63	0.75	0.25	受压破坏	53
G-K-60-3	2 349.70	119.11	60	38.00	12.70	0.65	0.22	受压破坏	53
G-K-60-4	2 253.43	155.71	60	51.79	17.31	0.89	0.30	受压破坏	53

试验发现,骨料倾角为 40°时,试件发生水泥砂浆与骨料粘结界面的受剪破坏,即在达到峰值荷载后,水泥砂浆柱体与骨料从界面断开,且水泥砂浆柱体几乎没有损坏。骨料倾角为 50°时,对于比较光滑的岩石表面(打磨或切割表面),试件均发生界面剪切破坏;对于喷砂或刻痕表面,有部分试件则发生受压破坏,即砂浆柱体压碎的同时界面断开或未断开。骨料倾角为 60°时,试件绝大部分表现为砂浆柱体或(及)岩石的受压破坏,典型破坏形态如图 3-14 所示。

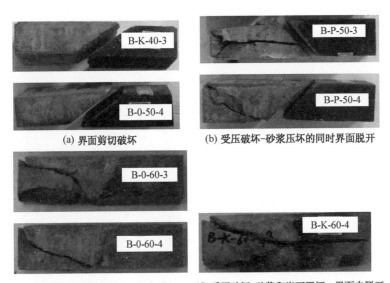

(a) 界面剪切破坏　　　(b) 受压破坏-砂浆压坏的同时界面脱开

(c) 受压破坏-砂浆压坏,界面未脱开　　(d) 受压破坏-砂浆和岩石压坏,界面未脱开

图 3-14　花岗岩骨料表面粗糙度对界面粘结抗剪破坏形态的影响

3.3.2　骨料表面粗糙度对界面粘结抗剪性能的影响

三种骨料的表面粗糙度对界面粘结抗剪性能的影响分别如图 3-15、图 3-16 及图 3-17 所示,其中将不同骨料倾角情况下的竖向荷载值转化成了界面的正应力 σ_i 和剪应力 τ_i,并且以水泥砂浆的轴心抗压强度 f_m 为准,对应力值进行了无量纲处理。图中数据点有明显的三种倾斜规律,分别对应倾角为 40°、50°和 60°的情况。这是因为界面上的剪应力和正应力是根据竖向荷载 P,通过界面的倾角 α 以及正余弦关系转化而来的。

从图 3-15—图 3-17 中可以看出,三种类型的岩石骨料,当界面倾角为 40°时,破坏时界面的法向压应力一般小于 $0.6f_m$,界面剪应力随着法向压应力的增

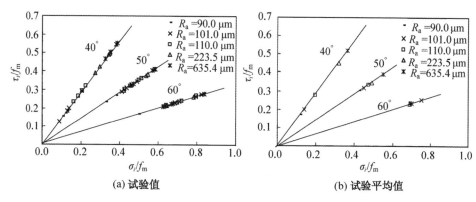

(a) 试验值　　　　　　　　　　　(b) 试验平均值

图 3 - 15　石灰岩骨料表面粗糙度对界面粘结抗剪性能的影响

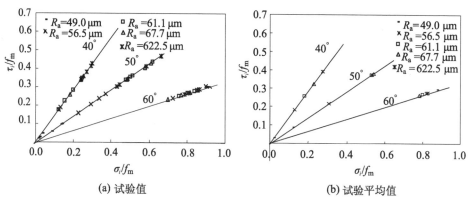

(a) 试验值　　　　　　　　　　　(b) 试验平均值

图 3 - 16　玄武岩骨料表面粗糙度对界面粘结抗剪性能的影响

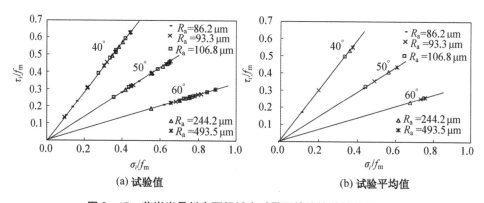

(a) 试验值　　　　　　　　　　　(b) 试验平均值

图 3 - 17　花岗岩骨料表面粗糙度对界面粘结抗剪性能的影响

加而增加,且随着骨料表面粗糙度的增加而增大。当界面倾角为 60°时,界面的法向压应力通常超过 $0.6f_m$,试件发生受压破坏,破坏取决于水泥砂浆的力学性能[29]。而当界面倾角为 50°时,当骨料表面粗糙度 R_a 较小时(如 200 目干磨,80 目干磨,切割或喷砂表面),界面剪应力随骨料表面粗糙度的增加而增加;当骨料表面粗糙度继续增大时(如刻痕表面),对界面剪应力的提高再无有利贡献。这是因为骨料表面粗糙度的增加导致界面法向压应力增大,当法向压应力超过 $0.6f_m$ 时,试件发生受压破坏。也就是说界面倾角越小,骨料表面粗糙度对界面抗剪强度的影响越大,也即骨料粗糙度只影响界面抗剪强度,不影响抗压强度。

根据界面压剪的试验结果(表 3-13—表 3-19)可以认为:当砂浆与骨料间界面的压应力大于 $0.6f_m$ 时,试件发生的破坏为水泥砂浆的压碎破坏,也即增加界面的压应力不能够对界面所承受的剪应力提供有利影响,与文献[29]的结论一致。文献[29]表明,Mohr-Coulomb 破坏准则[式(3-10)]能够合理地描述界面的破坏情况。因此对同一种粗糙度下的界面粘结抗拉试验数值及界面压应力不大于 $0.6f_m$ 的界面粘结抗剪试验数值按照 Mohr-Coulomb 准则形式进行拟合。

内摩擦角的拟合结果列于表 3-20。从表中发现内摩擦角 ϕ 随着骨料表面粗糙度的增加略有增加,但均介于 30°～40°之间,与文献[20]、文献[29]的试验结果一致。这是因为内摩擦角 ϕ 表示材料破坏时剪切面上的正应力与内摩擦力形成的合力与该正应力的夹角,反映了材料特性,不受骨料表面粗糙度的影响。因此,为了减小数据离散性对破坏准则拟合结果的影响,统一取内摩擦角为 35°。并以此对式(3-10)中其他参数进行拟合,见表 3-21。三种岩石与水泥砂浆间界面破坏准则的拟合曲线分别如图 3-18、图 3-19 和图 3-20 所示。

表 3-20　岩石骨料与水泥砂浆的界面剪切内摩擦角 ϕ 拟合值

石灰岩骨料表面粗糙度 $R_a/\mu m$	90.0	101.0	110.0	223.5	635.4
内摩擦角 $\phi/°$	31.7	34.2	34.9	36.3	37.7
玄武岩骨料表面粗糙度 $R_a/\mu m$	49.0	56.5	61.1	67.7	622.5
内摩擦角 $\phi/°$	33.4	32.3	34.7	34.7	35.1
花岗岩骨料表面粗糙度 $R_a/\mu m$	86.2	93.3	106.8	244.2	493.5
内摩擦角 $\phi/°$	33.7	35.5	40.9	38.1	38.2

表 3‑21 岩石骨料与水泥砂浆的界面粘结抗拉及抗剪试验数据拟合

骨料类型	拟合公式形式	$\tau_i/f_m = c/f_m + \mu \cdot \sigma_i/f_m$				
石灰岩骨料	骨料表面粗糙度 $R_a/\mu m$	90.0	101.0	110.0	223.5	635.4
	c/f_m	0.025	0.034	0.045	0.097	0.120
	$\mu = \tan 35°$	0.700	0.700	0.700	0.700	0.700
	相关系数 R	0.954	0.945	0.918	0885	0.879
	数据点数 N	10	14	14	7	10
	拟合变量的标准差	0.0133	0.0196	0.0240	0.0557	0.0652
	$R=0$ 的置信概率 P	<0.0001	<0.0001	<0.0001	<0.0001	<0.0001
玄武岩骨料	骨料表面粗糙度 $R_a/\mu m$	49.0	56.5	61.1	67.7	622.5
	c/f_m	0.004	0.014	0.040	0.052	0.071
	$\mu = \tan 35°$	0.700	0.700	0.700	0.700	0.700
	相关系数 R	0.978	0.964	0.933	0.914	0.897
	数据点数 N	14	8	14	14	10
	拟合变量的标准差	0.0013	0.0089	0.0278	0.0318	0.0314
	$R=0$ 的置信概率 P	<0.0001	<0.0001	<0.0001	<0.0001	<0.0001
花岗岩骨料	骨料表面粗糙度 $R_a/\mu m$	86.2	93.3	106.8	244.2	493.5
	c/f_m	0.027	0.052	0.081	0.122	0.126
	$\mu = \tan 35°$	0.700	0.700	0.700	0.700	0.700
	相关系数 R	0.958	0.915	0.879	0.882	0.882
	数据点数 N	14	14	14	10	10
	拟合变量的标准差	0.0169	0.0311	0.0484	0.0688	0.0763
	$R=0$ 的置信概率 P	<0.0001	<0.0001	<0.0001	<0.0001	<0.0001

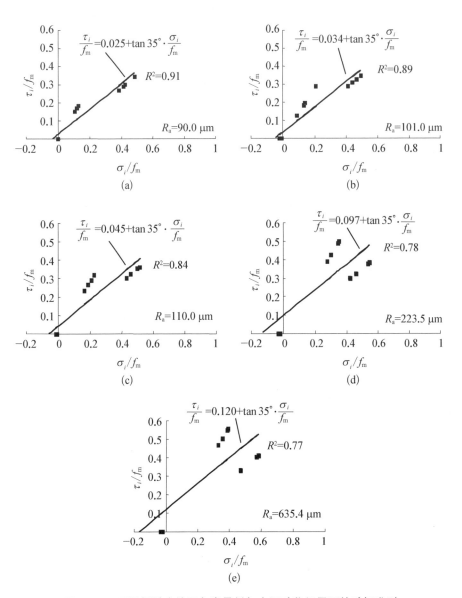

图 3-18　不同粗糙度的石灰岩骨料与水泥砂浆间界面的破坏准则

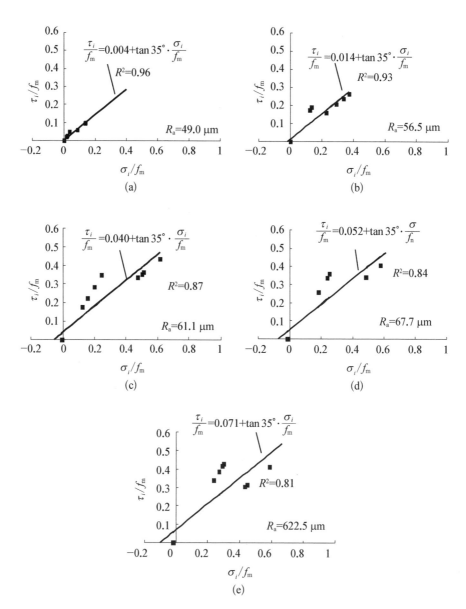

图 3‒19　不同粗糙度的玄武岩骨料与水泥砂浆间界面的破坏准则

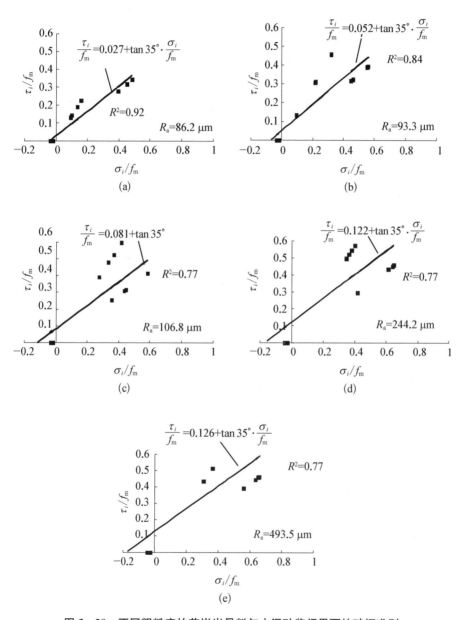

图 3–20　不同粗糙度的花岗岩骨料与水泥砂浆间界面的破坏准则

根据式(3-10),当界面法向压应力 σ_i 为 0 时得到的剪应力 τ_i 表示界面的内黏聚力 c。因此根据每种骨料与水泥砂浆间界面在各种表面粗糙度下的破坏准则拟合公式,分析界面的内黏聚力 c 与骨料表面粗糙度 R_a 的关系,如图 3-21 所示。从图中可以发现,界面的内黏聚力随着骨料表面粗糙度的增加而增加,且提高幅度随骨料表面粗糙度的增加逐渐降低。这与图 3-11 所示的骨料表面粗糙度对界面粘结抗拉强度的影响相似。

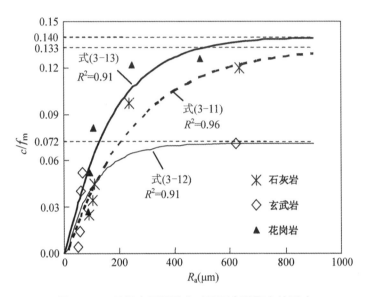

图 3-21   骨料表面粗糙度对界面内黏聚力的影响

从图 3-21 中还可看出,骨料表面粗糙度较大时,三种岩石骨料与水泥砂浆的界面内黏聚力明显不同,其中,花岗岩的强度最高,石灰岩次之,而玄武岩的强度最低。这也是因为花岗岩所释放的大量的 Si^{+4} 能够增强其与水泥砂浆的粘结强度[25]。

为了确定界面内黏聚力 c 和粗糙度 R_a 的关系,同样采用幂函数对二者关系进行拟合,拟合形式及参数见表 3-22 所列。另外,从图 3-21 中可以看出,当骨料表面粗糙度 R_a 小于 100 μm 时,界面内黏聚力很小。并且第 2.3 节的结果表明,真实粗骨料的表面粗糙度 R_a 通常大于 100 μm,粗糙度 R_a 为 0 的情况几乎没有。因此,拟合时假设当粗糙度 R_a 为 0 时,界面内黏聚力 c 也为 0。

石灰岩、玄武岩及花岗岩的拟合公式分别如下:

$$c_L/f_m = -0.133 \times 0.996^{R_a} + 0.133 \qquad (3-11)$$

$$c_{\mathrm{B}}/f_{\mathrm{m}} = -0.072 \times 0.991^{R_{\mathrm{a}}} + 0.072 \qquad (3-12)$$

$$c_{\mathrm{G}}/f_{\mathrm{m}} = -0.140 \times 0.994^{R_{\mathrm{a}}} + 0.140 \qquad (3-13)$$

式中,c_{L}、c_{B}、c_{G} 分别表示石灰岩、玄武岩及花岗岩骨料与水泥砂浆间界面的内黏聚力;f_{m} 为水泥砂浆轴心受压强度;R_{a} 为骨料表面粗糙度,单位为 $\mu\mathrm{m}$。

表 3-22　岩石骨料与水泥砂浆的界面内黏聚力与骨料表面粗糙度的拟合结果

拟合公式形式	$c = a \cdot b^{R_{\mathrm{a}}} + d$		
岩石类型	石灰岩	玄武岩	花岗岩
系数 a	−0.139	−0.076	−0.146
系数 b	0.996	0.991	0.994
系数 d	0.139	0.076	0.146
相关系数 R^2	0.96	0.91	0.91

拟合曲线如图 3-21 所示。从图中可以看出,拟合曲线能较好地反映 $c_{\mathrm{L}}/f_{\mathrm{m}}$、$c_{\mathrm{B}}/f_{\mathrm{m}}$、$c_{\mathrm{G}}/f_{\mathrm{m}}$ 随 R_{a} 的变化,且相关系数分别为 0.96、0.91 和 0.91,拟合效果较好。另外从图 3-21 还可发现,随着 R_{a} 的增大,$c_{\mathrm{L}}/f_{\mathrm{m}}$、$c_{\mathrm{B}}/f_{\mathrm{m}}$ 及 $c_{\mathrm{G}}/f_{\mathrm{m}}$ 均趋于定值,分别为 0.133、0.072 和 0.140。这是因为当骨料表面粗糙度增大到一定程度后,骨料与水泥砂浆间界面的破坏表现由水泥砂浆力学性能控制的受压破坏,而界面抗剪强度不再增加。这一点在拟合曲线中得到了有效的反映。

3.4　花岗岩、玄武岩骨料与水泥砂浆界面力学参数的概率分布模型

从 2.3 节得知,花岗岩和玄武岩粗骨料的表面粗糙度分别服从正态分布和对数正态分布。因此,根据表 2-5 及表 2-6 列出的花岗岩和玄武岩粗骨料表面粗糙度 R_{a} 值,可分别通过式(3-7)和式(3-8)、式(3-12)和式(3-13)计算得到两种粗骨料与水泥砂浆间界面的粘结抗拉强度 f_{it} 及内黏聚力 c,见表 3-23—表 3-26 所列。

表 3 - 23　50 颗玄武岩粗骨料与水泥砂浆界面粘结抗拉
强度和水泥砂浆轴压强度比值 f_{it}^B / f_m

0.014 6	0.025 0	0.031 3	0.034 8	0.037 1
0.015 7	0.027 6	0.031 4	0.034 9	0.037 4
0.017 4	0.028 0	0.031 5	0.035 5	0.037 5
0.022 5	0.028 2	0.033 0	0.035 8	0.037 5
0.023 1	0.028 3	0.033 5	0.036 0	0.037 6
0.024 1	0.028 6	0.033 6	0.036 1	0.037 9
0.024 5	0.029 2	0.033 9	0.036 2	0.038 1
0.024 6	0.029 7	0.034 0	0.036 4	0.038 1
0.024 6	0.031 0	0.034 3	0.036 5	0.038 3
0.024 8	0.031 1	0.034 6	0.036 8	0.038 3

表 3 - 24　50 颗花岗岩粗骨料与水泥砂浆界面粘结抗拉
强度和水泥砂浆轴压强度比值 f_{it}^G / f_m

0.057 61	0.060 44	0.060 84	0.060 91	0.060 97
0.058 68	0.060 51	0.060 84	0.060 91	0.060 98
0.058 96	0.060 54	0.060 85	0.060 91	0.060 98
0.059 20	0.060 58	0.060 86	0.060 92	0.060 99
0.059 22	0.060 61	0.060 87	0.060 93	0.060 99
0.060 10	0.060 73	0.060 87	0.060 93	0.060 99
0.060 19	0.060 73	0.060 88	0.060 95	0.061 00
0.060 25	0.060 75	0.060 89	0.060 95	0.061 00
0.060 38	0.060 78	0.060 90	0.060 96	0.061 00
0.060 44	0.060 84	0.060 90	0.060 96	0.061 00

表 3 - 25　50 颗玄武岩粗骨料与水泥砂浆界面内黏聚力 c_B / f_m

0.027 3	0.048 1	0.059 8	0.065 9	0.069 4
0.029 4	0.053 0	0.060 0	0.065 9	0.069 9
0.032 9	0.053 8	0.060 1	0.067 0	0.070 1
0.043 2	0.054 0	0.062 8	0.067 4	0.070 1

0.044 3	0.054 3	0.063 6	0.067 8	0.070 2
0.046 4	0.054 9	0.063 9	0.068 0	0.070 7
0.047 1	0.055 9	0.064 3	0.068 1	0.070 8
0.047 3	0.056 8	0.064 5	0.068 4	0.070 9
0.047 3	0.059 3	0.065 0	0.068 5	0.071 2
0.047 5	0.059 4	0.065 5	0.069 0	0.071 2

表 3-26　50 颗花岗岩粗骨料与水泥砂浆界面内黏聚力 c_G/f_m

0.097 5	0.120 3	0.128 5	0.130 9	0.134 3
0.103 8	0.121 4	0.128 5	0.131 0	0.134 9
0.105 8	0.121 9	0.128 7	0.131 2	0.135 7
0.107 5	0.122 6	0.129 2	0.131 3	0.135 8
0.107 7	0.123 2	0.129 5	0.131 7	0.136 4
0.115 9	0.125 6	0.129 6	0.131 8	0.136 7
0.117 0	0.125 7	0.129 9	0.133 0	0.137 7
0.117 6	0.126 0	0.130 2	0.133 1	0.138 2
0.119 4	0.126 8	0.130 6	0.133 7	0.138 9
0.120 3	0.128 4	0.130 7	0.133 8	0.139 2

由于实际粗骨料的表面粗糙度各不相同,导致界面的力学参数也各不相同。因此,为了更合理地在细观力学模型中定义界面的力学参数及更广泛的应用,下面将对花岗岩、玄武岩骨料与水泥砂浆界面力学参数建立统一的概率分布模型。分析发现,f_{it}^B/f_m、f_{it}^G/f_m、c_G/f_m 及 c_B/f_m 的柱状分布图呈现极值分布状态。因此,基于以上四个参数都存在最大值,定义变量 T 分别为 $(0.039-f_{it}^B/f_m)\times 10^3$、$(0.061-f_{it}^G/f_m)\times10^3$、$(0.014-c_G/f_m)\times10^3$ 及 $(0.071-c_B/f_m)\times10^3$,则它们的柱状图分别如图 3-22 及图 3-23 所示。

从图 3-22 及图 3-23 中可以发现各参数 T 可能服从 Weibull 分布[107],则累计分布函数 $F(T)$ 可表示为

$$F(T) = 1-e^{-(\frac{T}{\beta})^\alpha} \qquad (3-14)$$

式中,α 和 β 分别表示形状参数和尺度参数。为确定 α 和 β,对上式进行 2 次对数

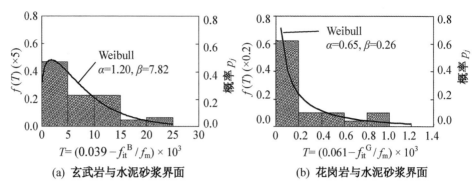

(a) 玄武岩与水泥砂浆界面　　　　(b) 花岗岩与水泥砂浆界面

图 3‑22　界面粘结抗拉强度的柱状图及概率密度分布函数

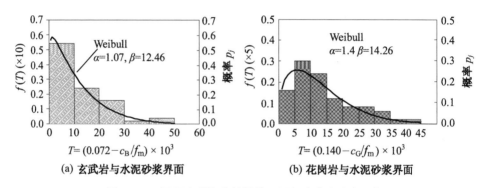

(a) 玄武岩与水泥砂浆界面　　　　(b) 花岗岩与水泥砂浆界面

图 3‑23　界面内黏聚力的柱状图及概率密度分布函数

变换得

$$\ln[-\ln(1-F(T))] = \alpha \ln T - \ln(\beta^\alpha) \quad (3-15)$$

将样本数为 n 序列从小到大排列，T_i 为排列为 i 的样本值，以经验分布函数

$$F_i = i/n+1 \quad (i=1, 2, 3, \cdots, n) \quad (3-16)$$

作为对应的 $F(T)$ 的观测值，则

$$\ln(-\ln(1-F_i)) = \alpha \ln T - \ln(\beta^\alpha) \quad (i=1, 2, 3, \cdots, n) \quad (3-17)$$

令 $y = \ln(-\ln(1-F_i))$，$x = \ln T$，则上式可化为线性关系：

$$y = A + Bx \quad (3-18)$$

根据最小二乘法求得 A、B，则

$$\alpha = B \quad (3-19)$$

$$\beta = (\mathrm{e}^A)^{\frac{1}{\alpha}} \qquad (3-20)$$

因此,将样本数 $n = 50$,变量 T 为 $(0.039 - f_{\mathrm{it}}^{\mathrm{B}}/f_{\mathrm{m}})$、$(0.061 - f_{\mathrm{it}}^{\mathrm{G}}/f_{\mathrm{m}})$、$(0.014 - c_{\mathrm{G}}/f_{\mathrm{m}})$ 及 $(0.072 - c_{\mathrm{B}}/f_{\mathrm{m}})$ 分别代入式 $(3-17)$ 后计算得到 $\ln(-\ln(1-F_i))$ 与 $\ln T$ 均满足线性关系,如图 $3-24$ 和图 $3-25$ 所示,对二者进行线性拟合后,根据式 $(3-20)$ 得到 α 和 β,如图 $3-22$ 及图 $3-23$ 中所示。

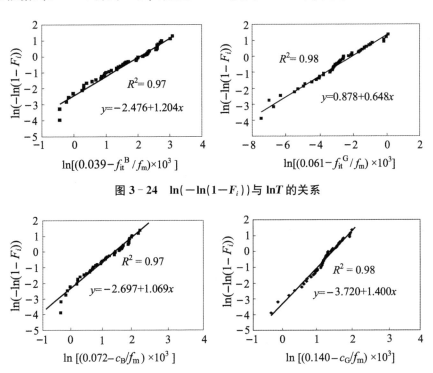

图 3-24　$\ln(-\ln(1-F_i))$ 与 $\ln T$ 的关系

图 3-25　$\ln(-\ln(1-F_i))$ 与 $\ln T$ 的关系

最后,采用科尔莫哥洛夫检验对 Weibull 分布进行拟合优度检验。假设经验分布函数为

$$F^*(T) = \frac{i}{n-1} \quad (i = 1, 2, \cdots, n) \qquad (3-21)$$

定义统计量:

$$D_n = \max |F(T) - F^*(T)| \qquad (3-22)$$

取信度 $\alpha = 0.05$,结合 $n = 50$ 查柯尔莫哥洛夫检验的临界值表,得 $D_{n\alpha}$ 见表 $3-27$ 所列,比较发现 D_n 均小于 $D_{n\alpha}$,可见拟合较好,拟合的概率密度分布函数分别如图 $3-22$ 及图 $3-23$ 所示。

表 3-27 柯尔莫哥洛夫检验

检 验 参 数	D_n	D_{na}	接受或拒绝
$T = (0.039 - f_{it}^B/f_m) \times 10^3$	0.066	0.173	接受
$T = (0.061 - f_{it}^G/f_m) \times 10^3$	0.078	0.173	接受
$T = (0.072 - c_B/f_m) \times 10^3$	0.067	0.173	接受
$T = (0.14 - c_G/f_m) \times 10^3$	0.093	0.173	接受

3.5 混凝土材料力学性能

3.5.1 混凝土材料力学性能试验

利用粒径均为 18 mm 的三种不同表面粗糙度[R_a 为 24.0 μm (G)、R_a 为 48.3 μm (P)、R_a 为 259.6 μm(K)]的高硼硅玻璃球体(图 2-19),设计制作混凝土标准试件,通过试验初步研究骨料表面粗糙度对混凝土弹性模量、泊松比、抗拉强度、抗压强度以及破坏形态等的影响,同时为数值模拟方法的验证提供试验结果。

混凝土的配合比如表 3-28 所列。配合比的设计原则为,保证混凝土中的水、水泥及砂三者之间的比率与界面试验所用水泥砂浆的该比率一致。混凝土中水泥砂浆的力学性能在 3.1 中已经详细介绍。表 3-29 列出了高硼硅玻璃混凝土试件的数量、尺寸及用途。

表 3-28 混凝土的配合比设计

强度等级	粗骨料粒径/mm	水泥/kg	砂/kg	水/kg	骨料/kg	水灰比 w/c	配合比 水泥∶砂∶骨料
材料品种	高硼硅玻璃	425 号	中砂	自来水	—	—	—
C25	18	364	567	180	1 167	0.495	1∶1.56∶3.2

表 3-29 混凝土力学性能试件尺寸、数量级用途

试件编号	尺寸/mm	数量	用途
GC-G/P/K-1~6	100×100×100	3×6	劈裂抗拉强度(6)
GD-G/P/K-1~6	100×100×300	3×6	受压应力-应变关系(3),弹性模量(3)

3.5.2　骨料表面粗糙度对劈裂抗拉强度的影响

试验仪器设备为同济大学土木工程学院工程结构耐久性试验室的邦威动静万能结构试验系统,最大试验荷载为 500 kN,如图 3-1 所示。试验采用力控制,加载速率为 0.03 MPa/s。

混凝土试件劈裂抗拉强度测定方法参考中华人民共和国国家标准《普通混凝土力学性能试验方法标准》(GB/T 50081-2002)[108]第 9 章"劈裂抗拉强度试验"。劈裂抗拉强度按式(3-1)计算。

表 3-30 给出了实测三种骨料混凝土试件的劈裂抗拉强度。图 3-26 显示了骨料表面粗糙度对混凝土劈裂抗拉强度的影响。

表 3-30　具有不同表面粗糙度骨料的混凝土试件的劈裂抗拉强度值

试件编号	劈裂面面积/mm²	破坏荷载/kN	劈裂抗拉强度[c]/MPa	强度均值[a]/MPa	强度提高幅度[b]	实际龄期/d
GC-G-1	10 479.40	33.79	2.05			41
GC-G-2	10 225.70	27.12	*1.69*			41
GC-G-3	10 231.32	38.76	2.41	**2.29**	0.0%	41
GC-G-4	10 225.01	40.32	2.51	(2.18)		41
GC-G-5	10 283.97	35.38	2.19			41
GC-G-6	10 481.94	42.63	*2.59*			41
GC-P-1	10 526.02	47.01	*2.84*			41
GC-P-2	10 437.65	51.92	3.17			41
GC-P-3	10 441.82	67.18	*4.10*	**3.32**	30.9%	41
GC-P-4	10 596.58	59.46	3.57	(3.15)		41
GC-P-5	10 515.84	49.62	3.01			41
GC-P-6	10 468.86	57.82	3.52			41
GC-K-1	10 383.40	64.12	3.93			41
GC-K-2	10 603.79	71.28	4.28	**4.21**	45.5%	41
GC-K-3	10 355.77	72.80	4.48	(4.00)		41
GC-K-4[d]	10 357.91	67.08	4.13			41

备注：a—括号内数值考虑了尺寸效应,乘以 0.95 的折算系数后的实际强度值;

b—指 P 类骨料或 K 类骨料试件的劈裂抗拉强度相对 G 类骨料试件值的提高幅度;

c—斜体表示最大值或最小值与中间值(或平均值)相差超过 15%,应舍去;

d—拆模失误,导致两个含 K 类粗骨料的混凝土劈裂受拉试件破损。

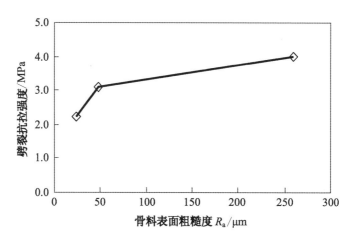

图 3-26 骨料表面粗糙度对混凝土劈裂抗拉强度的影响

从表 3-30 和图 3-26 中均可以看出,混凝土的劈裂抗拉强度随骨料表面粗糙度的增加而提高。如 P 类骨料表面粗糙度较 G 类骨料增加了一倍,对应的混凝土劈裂抗拉强度提高了 30.9%(表 3-30)。这是因为骨料表面粗糙度的增加提高了混凝土中界面粘结抗拉及抗剪强度,从而导致混凝土的劈裂抗拉强度的增大。

不同表面粗糙度骨料的混凝土劈裂抗拉试件的破坏形态如图 3-27 所示。试验中通过观察发现,试件破坏后的劈裂面上骨料均完整,破坏均发生于骨料与水泥砂浆间的界面上。

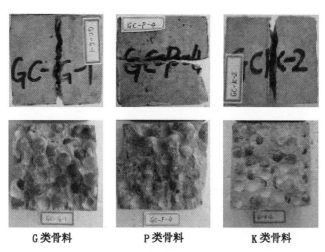

G 类骨料   P 类骨料   K 类骨料

图 3-27 具有不同表面粗糙度骨料的混凝土
劈裂抗拉试件破坏形态

3.5.3　骨料表面粗糙度对轴心受压性能的影响

试验仪器设备为同济大学土木工程学院工程结构耐久性试验室的邦威高刚度材料试验系统,整体刚度大于 3 GN/m,竖向最大试验荷载为 3 000 kN,如图 3 - 4 所示。该仪器下部加载端内装有球铰,以减小间隙并使试件更接近轴心受压。

为测得真实变形,加载试验前在试件两侧粘贴测量纵向变形的应变片,与计算机连接以测量混凝土的变形,并与引伸计所测变形进行对比,如图 3 - 28 所示。

调整两台计算机使试验开始时间相同,可得到应变片测得的变形与引伸计所测应力的对应关系。加载速率采用变形控制,上升段加载速率为 0.1～0.2 mm/min,荷载接近峰值时加载速率缓慢降至 0.01～0.05 mm/min。进入下降段后,终止条件根据试件的变形值和试验曲线形状综合判断,一般取荷载值为峰值荷载的 10% 时停止试验。

应变片

引伸计

图 3 - 28　混凝土单轴受压应力-应变全过程曲线测量装置

利用三种具有不同表面粗糙度的粗骨料制作的混凝土轴心受压试件的应力-应变曲线分别如图 3 - 29(a)、(b)及(c)所示。表 3 - 31 给出了各类混凝土试件的峰值应力及峰值应变。从表中可以看出,相对于光滑骨料试件,喷砂骨料试件和刻痕骨料试件的抗压强度分别提高了 56.7% 及 68.4%。这说明,混凝土的抗压强度随着骨料表面粗糙度的增加而增加,如图 3 - 30 所示。

表 3 - 31　具有不同表面粗糙度骨料的混凝土轴心
受压试件的峰值应力及峰值应变

试件编号	承压面积/mm²	破坏荷载/kN	峰值应力/(N·mm⁻²)	峰值应力均值[a]/(N·mm⁻²)	峰值应力提高幅度[b]	峰值应变(×10⁻³)	峰值应变均值	龄期/d
GA - G - 1	10 491.22	163.30	15.57			1.837		29
GA - G - 2	10 453.87	179.80	17.20	**16.77**(15.93)	0.0%	1.669	**1.61**	29
GA - G - 3	10 511.38	184.30	17.53			1.320		29

试件编号	承压面积/mm²	破坏荷载/kN	峰值应力/(N·mm⁻²)	峰值应力均值ᵃ/(N·mm⁻²)	峰值应力提高幅度ᵇ	峰值应变(×10⁻³)	峰值应变均值	龄期/d
GA-P-1	10 047.72	256.80	25.56	**26.28** (24.96)	56.7%	1.306	**1.42**	30
GA-P-2	10 099.28	273.90	27.12			1.524		30
GA-P-3	10 376.29	271.40	26.16			1.432		30
GA-K-1	10 352.31	285.30	27.56	**28.18** (26.77)	68.4%	1.409	**1.47**	28
GA-K-2	10 259.67	301.40	29.38			1.497		28
GA-K-3	10 332.54	285.30	27.61			1.516		28

备注：a—括号内数值考虑了尺寸效应,乘以 0.95 的折算系数后的实际强度值；

　　　b—是指 P 类骨料或 K 类骨料试件的轴心抗压强度相对 G 类骨料试件值的提高幅度。

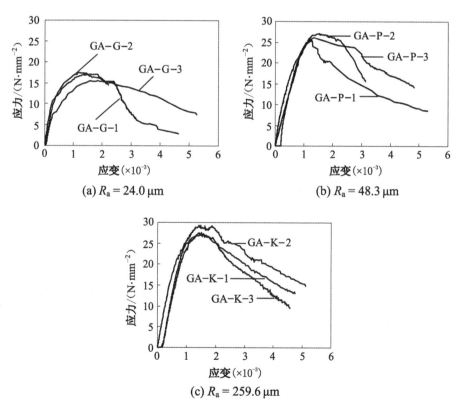

(a) $R_a = 24.0\ \mu m$

(b) $R_a = 48.3\ \mu m$

(c) $R_a = 259.6\ \mu m$

图 3‐29　具有不同表面粗糙度骨料的混凝土单轴受压应力-应变全过程曲线

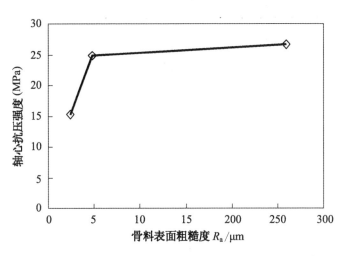

图 3‑30　骨料表面粗糙度对混凝土轴心抗压强度的影响

这是因为增大骨料表面粗糙度会增强混凝土中骨料与水泥砂浆的界面粘结性能,从而提高混凝土的抗压强度。从图中还可发现,相对喷砂骨料试件的提高幅度,刻痕骨料试件的抗压强度的增长幅度有所降低。这可能有两方面的原因所致:一是刻痕骨料仅仅在一个方向有刻痕[图 2‑19(c)垂直于面内],而在混凝土内部,骨料的刻痕方向并不一定与压力方向平行,因此对界面粘结抗剪强度的提高作用有限,导致试件的抗压强度提高幅度较小;二是刻痕骨料的表面粗糙度很高,可能导致界面的粘结抗剪强度高于水泥砂浆的强度,导致试件的抗压强度取决于水泥砂浆的力学性能,导致混凝土轴心抗压强度不会随骨料表面粗糙度的增加而无限提高。

混凝土轴压试件的破坏形态如图 3‑31 所示。试验中发现,试件破坏后的面上骨料均完整,破坏发生于骨料与水泥砂浆间的界面上。

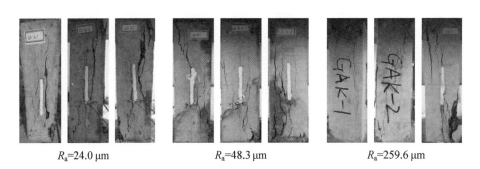

R_a=24.0 μm　　　　　　R_a=48.3 μm　　　　　　R_a=259.6 μm

图 3‑31　具有不同表面粗糙度骨料的混凝土轴心受压试件破坏形态

3.5.4 骨料表面粗糙度对静力受压弹性模量/泊松比的影响

试验仪器设备为同济大学土木工程学院结构工程耐久性试验室的邦威动静万能结构试验系统,最大试验荷载为 500 kN,如图 3-1 所示。混凝土纵向变形的测量标距为 8 cm,横向变形的测量标距为 5 cm。在每个试件的相对两个侧面中线的中点位置粘贴纵向电阻应变片,在其中某一个应变片的上、下方粘贴横向电阻应变片。

混凝土弹性模量测定方法参考中华人民共和国国家标准《普通混凝土力学性能试验方法标准》(GB/T 50081-2002)[108]第 8 章"静力受压弹性模量试验"。弹性模量取值时遵循下列规定:(1) 按 3 个试件测值的算术平均值计算;(2) 如果其中有一个试件的轴心抗压强度值与用以确定检验控制荷载的轴心抗压强度值超过后者的 20% 时,则弹性模量两值按另外两个试件测值的算术平均值计算;(3) 如果有两个试件超过上述规定时,则此次试验无效。

混凝土静力弹性模量试验加载方法:初始荷载 F_0 为 0.5 MPa,控制荷载 F_a 为 1/3 的棱柱体轴心抗压强度,持荷时间为 60 s。具体加载制度如图 3-32 所示,其中各类试件的轴心抗压强度见表 3-31。弹性模量值按式(3-3)计算。

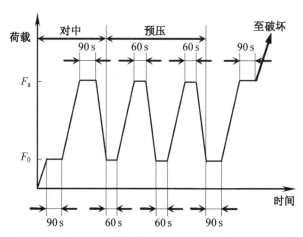

图 3-32　混凝土弹性模量/泊松比试验加载制度示意

泊松比的测定方法以及数值处理与评定方法与第 3.1.5 节相同,泊松比按式(3-4)进行计算。

各类玻璃骨料的混凝土试件的弹性模量、泊松比及对应的破坏荷载列于表3-32。另外骨料表面粗糙度对混凝土弹性模量及泊松比的影响如图 3-33 所示。从表及图中更可以看出,混凝土的弹性模量随着骨料表面粗糙度的增加而增加,但泊松比相对于骨料表面粗糙度的增加变化不明显。如喷砂骨料(P)试件的粗糙度较光滑骨料(G)试件的表面粗糙度提高了一倍,对应的混凝土的弹性模量提高了 9.35%,而泊松比几乎不变。

表 3‑32　具有不同表面粗糙度骨料的混凝土弹性模量与泊松比

试件编号	承压面积/mm²	破坏荷载/kN	弹性模量/MPa	弹模均值/MPa	提高幅度b	泊松比	泊松比均值	提高幅度b	实际龄期/d
GA‑G‑4	10 335.33	160.30	31 951			0.192			29
GA‑G‑5	10 560.50	114.60	24 274ᵃ	29 771	0.0%	0.201ᵃ	0.21	0.0%	29
GA‑G‑6	10 447.82	157.70	27 591			0.223			29
GA‑P‑4	10 303.26	278.60	32 301			0.219			30
GA‑P‑5	10 373.42	232.60	34 134	328 42	9.4%	0.206	0.22	4.8%	30
GA‑P‑6	10 437.61	264.40	32 090			0.221			30
GA‑K‑4	10 238.23	262.68	38 717			0.162			28
GA‑K‑5	10 220.87	207.37	40 502ᵃ	38 717	23.1%	0.310ᵃ	0.16	−27.3%	28
GA‑K‑6ᶜ	10 423.82	—	—			—			28

备注:a—测量弹性模量得到的抗压强度与全过程曲线试验中得到的轴心抗压强度的相差大于 20%;
　　　b—是指 P 类骨料或 K 类骨料试件的弹性模量(或泊松比)相对 G 类骨料试件值的提高程度;
　　　c—试件加载过程中未采集变形数据。

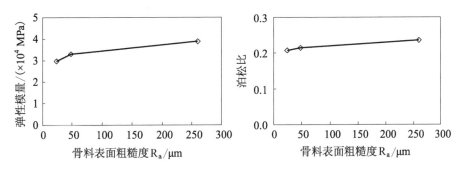

图 3‑33　骨料表面粗糙度对混凝土弹性模量及泊松比的影响

3.6　本章小结

本章通过试验发现骨料表面粗糙度对界面及混凝土的力学性能有明显影响。

（1）在骨料材质相同的情况下，界面粘结抗拉强度随骨料表面粗糙度的增加而增加，并最终趋于恒定值。

（2）在骨料材质相同的情况下，当压应力比（法向压应力与水泥砂浆轴心抗压强度之比）不超过 0.6 时，界面抗剪强度随骨料表面粗糙度的增大而提高，但增强幅度不断下降；而当压应力大于 0.6 时，界面发生受压破坏，破坏取决于水泥砂浆的力学性能。

（3）骨料材质对界面粘结性能有明显影响，其中花岗岩骨料与水泥砂浆之间的界面粘结抗拉及抗剪强度最高，其次是石灰岩骨料，而玄武岩骨料则最低。

（4）界面粘结的内摩擦角不受骨料表面粗糙度或骨料材质的影响，且介于 30°～40°之间，可取为 35°。

（5）花岗岩、玄武岩粗骨料与水泥砂浆间界面的粘结抗拉强度和内黏聚力均服从 weibull 分布。

（6）混凝土材料力学性能试验结果表明，在保证骨料基本不破坏的情况下，混凝土的劈裂抗拉、轴心抗压强度及弹性模量均随骨料表面粗糙度的增加而增加，而泊松比变化较小。

第4章

骨料形状对混凝土力学性能影响的试验研究

本章主要介绍混凝土中粗骨料形状的特征参数（宽高比及棱角性指数）获取方法及其对混凝土力学性能影响的试验研究。获得的试验结果，将用于建立骨料形状特征参数（宽高比及棱角性指数）与混凝土力学性能之间的关系，同时验证数值模拟结果。试验项目分为以下几项：

（1）粗骨料形状的定量表征及其参数的获取；

（2）特质粗骨料混凝土力学性能试验；

（3）普通粗骨料混凝土力学性能试验。

对应的试验目的分别为对骨料形状进行定量表征、建立骨料形状特征参数（轴长比及棱角性指数）与混凝土力学性能之间的关系。

4.1 骨料形状的定量表征参数

骨料形状作为骨料重要特征之一，对混凝土力学性能的影响不可忽视。长期以来对骨料形状的试验研究，由于各种条件的限制难以定量表征骨料形状，因此只能定性描述骨料形状对混凝土力学性能的影响。但近年来，随着图像分析技术[67]的发展，借助相关的数学分析软件和图像捕捉设备，已经能够定量描述骨料的形态特征。

如图4-1所示，骨料的形态特征参数可分为3类[66]：反映骨料整体的外部形态变化

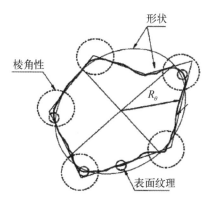

图4-1 颗粒形状、棱角性及表面纹理图示[66]

的形状参数;反映骨料边界拐角变化剧烈程度的棱角性参数;反映骨料表面粗糙程度的表面纹理参数。

本书第 2 章已经详细介绍了骨料表面粗糙度的定量表征,因此下面主要介绍骨料的形状及棱角性的量化参数。

4.1.1 粗骨料的形状参数

国内外学者提出了多种表征骨料形状的参数,如轴长比(Aspect ratio),形状指数(Form index),圆度(Roundness),傅里叶形状指数(Fourier descriptor),面积比(Area Ratio),球度(Sphericity),扁平度与针度之比(Flat and elongated ratio)等。

轴长比(AR)[80]表示二维平面上骨料的轮廓形状,为骨料轮廓的等效椭圆(面积、一阶矩及二阶矩相等)的长轴与短轴之比,计算公式为

$$AR = L/W \qquad (4-1)$$

式中,L 为等效椭圆的长轴长度;W 为等效椭圆的短轴长度。圆形及正多边形的轴长比为 1,其他形状骨料的轴长比均大于 1。

Masad 等[112]提出了一个形状指数(FI)来表征骨料颗粒的二维轮廓形状,可用下式计算:

$$FI = \sum_{\theta=0}^{\theta=360-\Delta\theta} \frac{\mid R_{\theta+\Delta\theta} - R_\theta \mid}{R_\theta} \qquad (4-2)$$

式中,θ、R 分别为坐标方位角及对应的骨料半径。骨料形状越接近圆形其形状指数将越小,圆形骨料的形状指数为 0。

圆度(R)[80,113-114]的计算公式如下:

$$R = l^2/4\pi A \qquad (4-3)$$

式中,l 为骨料边界的周长;A 为骨料图像的面积。骨料形状越接近圆形其圆度越小,圆形骨料的圆度为 1,其他形状骨料的圆度大于 1。

Bangaru 和 Das[76]以椭圆形为基本形状,提出骨料外接椭圆(图 4-2)面积与真实面积之比 Area Ratio 可以反映骨料的二维形状,计算公式如下:

$$Area\ Ratio = \frac{A_e}{A} \qquad (4-4)$$

式中,A 表示骨料颗粒的实际面积;A_e 为骨料轮廓的外接椭圆面积,如图 4-2 所示。

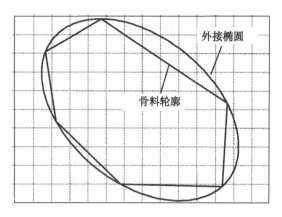

图 4 - 2　骨料外接椭圆示意图

Wang 等[75]指出骨料颗粒的形状特征可以用低频范围内傅里叶级数的值来定量描述，

$$R(\theta) = a_0 + \sum_{n=1}^{\infty} \left[a_m \cos(m\theta) + b_m \sin(m\theta) \right] \qquad (4-5)$$

式中，θ 表示坐标方位角；$R(\theta)$ 表示 θ 方向上的骨料顶点到骨料中心点的距离，显然，$R(\theta)$ 是一个周期函数。a_0 表示骨料的平均半径；a_m、b_m 为傅里叶系数；可分别通过下式计算获得：

$$a_0 = \frac{1}{2\pi} \int_0^{2\pi} R(\theta) \mathrm{d}\theta \qquad (4-6)$$

$$a_m = \frac{1}{\pi} \int_0^{2\pi} R(\theta) \cos(m\theta) \mathrm{d}\theta \quad m = 1,\ 2,\ 3,\ \cdots \qquad (4-7)$$

$$b_m = \frac{1}{\pi} \int_0^{2\pi} R(\theta) \sin(m\theta) \mathrm{d}\theta \quad m = 1,\ 2,\ 3,\ \cdots \qquad (4-8)$$

Wang 等[75]认为，当 m 取值不大于 4 时，骨料的轮廓形状可以用傅里叶形状指数 FFI 来表示，可由式(4-9)计算获得：

$$FFI = \frac{1}{2} \sum_{m=1}^{4} \left[\left(\frac{a_m}{a_0} \right)^2 + \left(\frac{b_m}{a_0} \right)^2 \right] \qquad (4-9)$$

球度(SPH)[63][80]是用来衡量骨料接近球体的程度，骨料的三个轴越接近其球度越高，球体的球度为 1，其他形状骨料的球度小于 1，其计算公式如下：

$$SPH = \sqrt[3]{\frac{d_2 \times d_3}{d_1^2}} \qquad\qquad (4-10)$$

式中,d_1 为骨料长轴长度;d_2 为骨料中轴长度;d_3 为骨料短轴长度。

扁平度(Flatness)与针度(Elongation)均是描述骨料三维轮廓形状的参数,其中扁平度[115]表示骨料中轴与短轴的比值,而针度[115]表示骨料长轴与中轴的比值。因此也可用扁平度与针度之比,即骨料长轴与短轴的比值 FER 来表示骨料的三维轮廓形状[80],计算公式如下:

$$FER = L/T \qquad\qquad (4-11)$$

式中,L、T 分别表示骨料颗粒的最长轴与最短轴。从定义可以看出,在二维平面上,FER 等同于轴长比 AR[80]。另外,Rousan 等[81]通过相关性分析发现,球度 SPH 和 FER 能够独立反映骨料颗粒的形状特征而不受棱角性或表面纹理的影响。

4.1.2　粗骨料的棱角性参数

关于骨料棱角性的表征参数也很多,如棱角性指数(Angularity using outline slope),棱角梯度指数(Gradient angularity index),半径棱角指数(Radius angularity index),傅里叶棱角指数(Angularity Index using Fourier),凸度(Convex ratio),周长棱角指数(Angularity)等。

Rao 等[71]基于骨料边界斜率的变化提出了棱角指数(AI),即首先将骨料颗粒轮廓 n 等分,近似成一个 n 多边形,如图 4-3 所示,然后计算多边形各顶点的角度 α_1、α_2、α_3、$\cdots$ α_n,之后计算各点与前一顶点的角度之差 $\beta_1 = \alpha_2 - \alpha_1$,$\beta_2 = \alpha_3 - \alpha_2$,$\cdots$,$\beta_n = \alpha_1 - \alpha_n$。将角度变化值的绝对值按照 $10°$ 的度数间隔进行统计,计算每种度数的概率分布,最后按式(4-12)得到该颗粒一个投影面的棱角性指数。获得颗粒三个投影面(前视、俯视、侧视)的棱角指数 AI_i 后,对三个棱角指数进行加权平均求取骨料的整体棱角指数 AI,计算公式如式(4-13)。

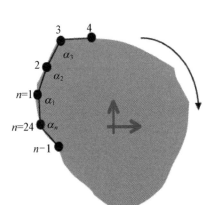

**图 4-3　骨料棱角指数 AI
　　　　计算方法图示**[80]

$$AI_i = \sum_{e=0}^{e=170} e^* P(e) \qquad (4-12)$$

$$AI = \frac{\sum_{i=1}^{3}(AI_i \times Area_i)}{\sum_{i=1}^{3} Area_i} \qquad (4-13)$$

式中，$e=0,10°,20°,\cdots,170°$；$P(e)$是角度变化值 β 在区间 $(e,(e+10))$ 内的概率。Rao 等[80]提出，n 取 24 时骨料颗粒的棱角性得到最佳反映。

Chandan 等[116]认为，由于边界棱角的存在，导致多边形骨料棱角间梯度矢量变化很大且不连续，而对于圆形骨料边界其梯度矢量的变化非常小，如图 4-4 所示。因此提出可以用各边界点的坐标方位角(θ)及各相邻边界点的坐标方位角之差($\Delta\theta$)来表征该点转角的剧烈程度($\Delta\theta$ 越大，转角越剧烈，该点越尖)，则一个投影面的梯度棱角指数 GAI_i 可用下式计算：

$$GAI_i = \sum_{j=1}^{N-3} |\theta_j - \theta_{j+3}| \qquad (4-14)$$

整体颗粒的梯度棱角指数 GAI 可用面积加权平均值表示如下：

$$GAI = \frac{GAI_i \cdot A_i}{\sum_{i=1}^{3} A_i} \qquad (4-15)$$

式(4-14)和式(4-15)中，N 为骨料颗粒的顶点个数；θ_j 为第 j 个顶点处的坐标方位角；A_i 表示某一个投影面的面积。

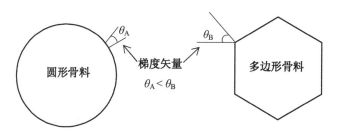

图 4-4　圆形与多边形骨料边界梯度矢量

基于等效椭圆的概念，Masad 等[112]提出骨料的棱角性可以用颗粒半径与具有相同面积、一阶矩及二阶矩的等效椭圆半径的差异来表征，即骨料一个投影面的半径棱角性指数 RAI_i 的计算公式为

$$RAI_i = \sum_{\theta=0}^{\theta=360-\Delta\theta} \frac{\mid R_{P\theta} - R_{EE\theta} \mid}{R_{EE\theta}} \qquad (4-16)$$

则整体颗粒的半径棱角性指数 RAI 可由下式计算：

$$RAI = \frac{RAI_i \cdot A_i}{\sum\limits_{i=1}^{3} A_i} \qquad (4-17)$$

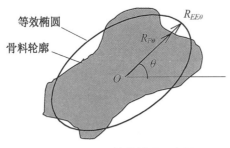

等效椭圆

骨料轮廓

图 4-5　骨料等效椭圆示意图

式中，$R_{P\theta}$、$R_{EE\theta}$ 分别表示在 θ 方向上轮廓及等效椭圆的半径，如图 4-5 所示；A_i 为某一个投影面的面积。根据公式，球形骨料的半径棱角指数为 0。

Wang 等[75]提出，骨料颗粒的棱角特征可以用中频范围内傅立叶级数的值来表征，计算公式为

$$FAI = \frac{1}{2} \sum_{m=5}^{25} \left[\left(\frac{a_m}{a_0} \right)^2 + \left(\frac{b_m}{a_0} \right)^2 \right] \qquad (4-18)$$

式中各参数与式(4-5)相同。

Mora 和 Kwan[69]基于骨料轮廓凸面(图 4-6)，提出可用凸度(Convexity ratio)表征骨料的棱角性，计算公式为

$$CR = Area / Convex\ Area \qquad (4-19)$$

式中，$Area$ 表示骨料轮廓实际面积；$Convex\ Area$ 表示骨料凸面轮廓的面积。凸度虽然反映了骨料整体轮廓的棱角性，但从定义可发现，圆形和长方形骨料的凸度均为 0。而根据骨料棱角性的定义可知，圆形和长方形应具有不同的棱角性，显然二者相悖。

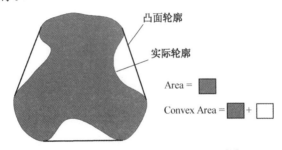

凸面轮廓

实际轮廓

Area =

Convex Area = ＋

图 4-6　骨料实际轮廓与凸面轮廓[69]

Chun[72]对粗骨料的几何特征进行相关研究时,基于等效椭圆的概念提出了周长棱角性指数:

$$PA_i = \left(\frac{Perimeter_{convex}}{Perimeter_{ellipse}} \right)^2 \qquad (4-20)$$

则三维粗骨料的周长棱角性指数 $Angularity$ 可由面积加权平均得到:

$$Angularity = \frac{PA_i \cdot A_i}{\sum\limits_{i=1}^{3} A_i} \qquad (4-21)$$

式中, $Perimeter_{convex}$ 、 $Perimeter_{ellipse}$ 分别表示颗粒凸面及等效椭圆的周长; A_i 为某一个投影面的面积。该指标反映了骨料颗粒整体轮廓的棱角性。

4.2　骨料形状参数的获取

4.2.1　数字图像处理技术

数字图像处理技术是把来自照相机、摄像机、扫描装置等的图像,经过数字变换后得到存储在计算机中的数字图像,再由计算机进行分析和处理,得到所需的各种结果。数字图像处理系统中包含三个基本部件,即处理图像的计算机、图像数字变换设备和图像显示设备[110]。

经过数字变换后的图像在计算机中由一系列具有不同灰度值的像素点构成[111]。每个灰度值代表了该点的亮度。常见的 256 色图像中各像素点的灰度值分别介于 0~255 之间。每个像素点的灰度值构成了一个整数矩阵,可用一个离散函数 $f(x, y)$ 来表示,

$$f(x, y) = \begin{bmatrix} f(0, 0) & f(0, 1) & \cdots & f(0, M-1) \\ f(1, 0) & f(1, 1) & \cdots & f(1, M-1) \\ \vdots & \vdots & \cdots & \vdots \\ f(N-1, 0) & f(N-1, 1) & \cdots & f(N-1, M-1) \end{bmatrix}$$
$$(4-22)$$

式中, x 、 y 分别表示像素点在整个图像对应像素点阵中的行、列号; N 、 M 分别为图像中所包含的像素点的行数和列数。

对于黑白图像,其灰度值仅有 0(代表黑色)和 255(代表白色)两种,如图4-7(a)

所示,其对应的像素点矩阵图如图4-7(b)所示,其中$N=4$,$M=5$。因此,骨料的形状特征可通过其对应数字图像的灰度值或色度的离散函数来准确体现。

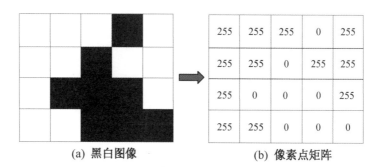

(a) 黑白图像　　　　　　　　(b) 像素点矩阵

图4-7　黑白图像与去对应的像素点矩阵示意图

4.2.2　图像采集装置

Masad等[117]将利用数字图像处理技术进行相关研究的基本技术路线概括为图像获取、存储、传输、图像处理及结果分析。基于此路线,本书获取骨料形状量化参数的过程如图4-8所示,即利用数码相机分别获取骨料的俯视、侧视及前视图,将获得的图像输入计算机后,利用数字图像软件分析图片获取骨料颗粒的轴长、面积等几何参数,最后通过相应公式计算骨料的形状参数或棱角性参数。

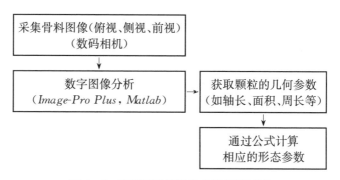

图4-8　粗骨料形状量化参数获取过程

图像采集设备选用数码相机。数码相机是一种能够进行拍摄并以数字格式存放图像的照相机。数码图片的存储方式通常以像素为单位,一个图片在单位面积内所占像素总量(即分辨率)越高,则图像越清晰。本次试验选用的数码相机像素为1 450万,能够达到图像清晰的要求。

由于自然光环境下拍摄的粗骨料图像容易产生颗粒阴影,导致被测粗骨料的轮廓模糊且尺寸失真,因此根据已有研究成果[77,110],设计了如图 4-9 所示的图像采集装置,图中在一不透光的灯箱内安装 4 个灯源(功率为 5 W 的白炽灯),并使光线垂直向上;然后在灯箱顶部放置粘有白色 A3 纸(297 mm×420 mm)的透明有机玻璃板,白色纸上贴有 10 排双面胶,以固定骨料的摆放位置,同时防止在翻转骨料拍摄侧面时出现混乱。

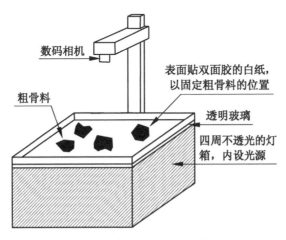

图 4-9　粗骨料图像采集装置

通过图像获取的骨料几何参数均是以像素为单位,需要转换为实际中常用的长度单位,如 mm 等。因此本书选择直径为 20 mm 的一元硬币作为参照对象,与骨料同时被拍摄。为了确定参照物的位置对分析结果是否存在影响,对摆放在不同位置的直径为 20 mm 的一元硬币(图 4-10)进行了拍照,并以中心点(2 点)的硬币为参考对象,与其他位置处硬币的直径测量值进行了比较,结果见表 4-1。从表中可以发现,其他位置处的结果与中心点处相差很小,这是因为硬币厚度很小,对其正面投影几乎没有影响。本书将参照物置于 7 点位置,通过参照物的像素值与实际值的比值,反映图像中骨料颗粒的实际尺寸。

表 4-1　参照物位置对测量结果的影响(相机放置高度为 1.6 m)

对象编号	1	2(中心点)	3	4	5	6	7	8
测量直径(像素)	102.38	102.98	103.64	101.76	102.24	103.41	101.99	103.32
相差(%)	0.40	0.00	1.63	−0.22	0.26	1.40	0.02	0.32

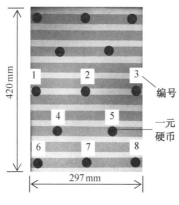

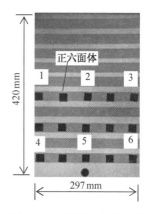

图 4-10　参照物位置的影响　　　　图 4-11　拍摄高度的影响

具体转换方法如下：

由于参照物的实际直径为 20 mm，因此粗骨料的轴长、周长及面积的换算公式分别为

$$d_a = 20 \cdot d_{ap}/d_{rp} \tag{4-23}$$

$$L_a = \pi \cdot 20 \cdot L_{ap}/L_{rp} \tag{4-24}$$

$$A_a = \frac{\pi \cdot 20^2 \cdot A_{ap}}{4 \cdot A_{rp}} \tag{4-25}$$

式中，d_a，L_a，A_a 分别是粗骨料的轴长、周长及面积，单位分别为 mm 及 mm^2；d_{ap}，L_{ap} 及 A_{ap} 分别表示以像素为单位的粗骨料的轴长、周长和面积；而 d_{rp}，L_{rp} 及 A_{rp} 则分别表示以像素为单位的硬币的轴长、周长和面积。

另一方面，如图 4-12 所示，由于数码相机安装于玻璃板的中心点的正上方，对于中间骨料 A 而言，投影方向与投影面垂直，得到的为正投影。而对于摆放在周边的骨料 B，由于投影方向与投影面不垂直，因此获得的投影图像易受到骨料侧面的影响。为降低侧面对图像的干扰，需选择一个合理的拍摄高度（数码相机位置至有机玻璃板距的垂直距离）。

以粒径为 18 mm 的正六面体高硼硅玻璃为对象，分别在三种高度下拍摄了六面体的投影，拍摄照片如图 4-11 所示，利用 Image-pro Plus 专业图像处理软件[118]进行分析获得图 4-11 中 6 个六面体（数字下方的六面体）的边长（单位为像素），并通过式（4-23）对结果进行转换，得到六面体边长（单位为 mm）。最后将分析结果与实际尺寸进行比较，见表 4-2。从表 4-2 中可以看出，拍摄高度为 1.6 m 时，得到的误差小于 5%，可接受。

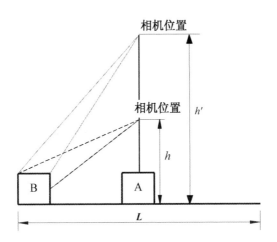

图 4 - 12　拍摄高度的影响

表 4 - 2　拍摄高度对测量结果的影响

拍摄高度	0.5 m		1.0 m		1.6 m	
对象编号	边长/mm	误差	边长/mm	误差	边长/mm	误差
1	18.22	1.22%	17.91	−0.51%	17.68	−1.77%
2	18.00	0.00%	18.00	0.00%	17.97	−0.16%
3	18.33	1.83%	18.60	3.33%	17.97	−0.16%
4	22.61	25.61%	20.73	15.15%	17.54	−2.58%
5	21.38	18.77%	20.12	12.12%	17.97	−0.16%
6	22.50	25.00%	21.27	18.18%	18.84	4.67%

由以上分析可知,当被摄物放置于所示的范围内,且将照相机置于有机玻璃屏上部 1.6 m 处,可获得理想的图像信息。为此,对粒径为 16～20 mm 的花岗岩碎石骨料进行拍照。具体过程如下:首先将 A3 白纸平铺于玻璃板上,在白纸上平均粘贴 10 排双面胶后,将 100 颗骨料整齐摆放在白纸的双面胶上(每排 10 颗骨料),以防止骨料移动;然后拍摄骨料的正面投影图(XY 面)如图 4 - 13(a)所示;接着将骨料翻转使其侧面(XZ 面)向上,拍摄骨料的侧面投影图[图 4 - 13(b)];最后翻转骨料使其前面(YZ 面)向上,拍摄骨料的前视投影图[图 4 - 13(c)]。值得一提的是,为了使骨料的侧面或前面向上,有时需借助橡皮泥[图 4 - 13(c)中的红色部分]以固定骨料,并在图片处理中用 Photoshop 软件将红色用白色替换[图 4 - 13(d)],以利于 Image-pro Plus 软件对骨料(黑色)的提取。

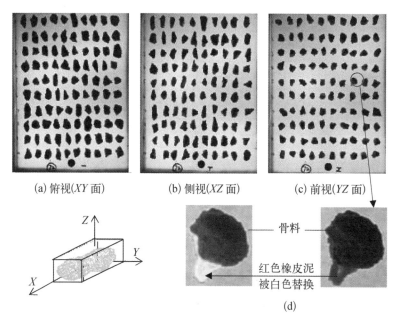

(a) 俯视(XY 面)   (b) 侧视(XZ 面)   (c) 前视(YZ 面)

(d)

图 4 - 13   100 颗花岗岩粗骨料的俯视、侧视、前视投影图

4.2.3　图像分析方法

将粗骨料图像输入计算机后，需要利用专门的图像处理软件对骨料几何参数进行提取。本书采用的是由美国 Media Cybernetics 公司所推出的 Image-pro Plus(IPP)专业图像处理软件[118]。它可以根据颜色对目标进行自动识别；然后对目标进行测量并提供测量参数，如目标面积、周长、长短径、等效椭圆周长、凸面周长等，且每项测量参数可有多种显示方式，还可以手动或自动对目标图像进行分割、计数、统计、归类等操作。

IPP 能够简便并准确地获取骨料的轴长、面积等几何参数，因此可以直接计算出一些量化参数，如轴长比 AR，圆度 R 等。但在计算骨料形状的某些量化参数时需要的基本参数比较复杂，例如计算形状指数(FI)时需确定各方位角及其对应的骨料半径 R，这些参数难以通过 IPP 软件获取。因此，本书还结合采用 Matlab 数学软件计算较复杂的骨料形状量化参数，如形状指数、棱角指数、半径棱角指数等。

采用 IPP 软件识别并分析粗骨料几何信息的具体方法和过程如下：

(1) 拍照：利用图 4 - 9 所示拍摄装置对摆放整齐的 100 颗骨料进行拍照，

采用一般图像处理工具如 PhotoShop 软件,对照片区进行截取,选出白纸区域内的骨料,并使用颜色替换功能将红色橡皮泥的颜色替换为白色,如图 4-14(a)所示。

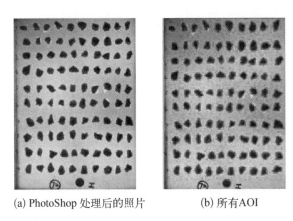

(a) PhotoShop 处理后的照片　　　　(b) 所有AOI

图 4-14　花岗岩碎石骨料信息提取

(2) 手动选取目标区域 AOI(area of interest):利用 IPP 软件打开图片,在工具栏上点击手动选择的魔棒按钮,将鼠标移至图中隔一个骨料的中间,光标就变成魔棒,在一个位置左键点一下,就可以选中这个位置及其周围灰度(或者颜色)相似的区域。逐一选取,直至所有骨料及参照物选择完毕。所有选择好后的 AOI 边界是绿色框,如图 4-14(b)所示。

(3) 计数和几何参数获取:打开 count/size 窗口后点击菜单 Edit/convert AOI to Objects,将所有 AOI 变成测量目标;然后点击 measure 菜单下的 select measurements,选择需要测量的项目,如图 4-15 所示。本书选择的项目包括:Objects 的形心坐标(X, Y)、轴长比、面积、周长、等效椭圆周长等。选完后点击 measure 按钮进行测量。测量结束后,将会显示 Objects 的轮廓,同时还会对 Objects 自上而下进行编号,如图 4-15 所示。

(4) 导出并转化数据:点击菜单 File/DDE to EXCEL,将所有的数据输出并保存在电子表格中,表 4-3 列出了图 4-15 中对应的前 10 位编号骨料的部分参数测量结果。

(5) 利用式(4-23)—式(4-25)对测量结果进行转换,得到骨料颗粒的实际几何信息。

基于上述方法对 200 颗花岗岩骨料的形状特征量化指标进行试验研究,且选取了 6 个形状参数及 3 个棱角性参数(表 4-4)进行了计算,并对各参数进行

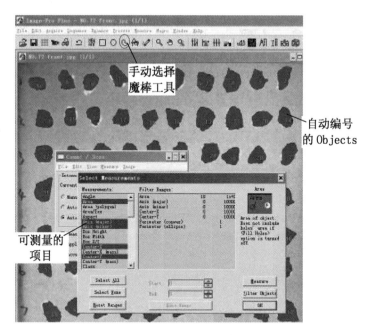

手动选择
魔棒工具

自动编号
的 Objects

可测量的
项目

图 4 - 15　Image Pro Plus 操作界面

表 4 - 3　图 4 - 15 中编号为 1～10 的花岗岩碎石骨料的
部分测量参数结果(单位：像素)

编号	Area	Aspect	Center - X	Center - Y	Perimeter	Perimeter (convex)	Perimeter (ellipse)
1	5 636	1. 665 051	500. 562 1	62. 067 07	311. 540 3	299. 810 8	283. 855 5
2	5 834	1. 875 45	1 321. 084	65. 993 48	324. 467 2	313. 966 3	293. 933 4
3	7 971	1. 212 307	778. 089 5	66. 897 51	344. 977 1	334. 213 2	321. 263 9
4	7 030	1. 274 755	1 062. 83	85. 369 42	332. 768 7	322. 285 9	302. 689
5	5 591	1. 174 984	1 191. 74	79. 585 23	306. 279 5	295. 906 5	269. 595 6
6	5 543	1. 481 535	241. 286 3	81. 610 5	302. 809 2	294. 612 9	273. 882 6
7	5 878	1. 140 692	932. 411	86. 661 11	291. 717 2	284. 976 7	274. 497 4
8	5 976	1. 152 925	644. 989 4	87. 031 29	286. 345 6	280. 981 8	275. 713 1
9	4 749	1. 239 893	364. 994 9	87. 439 46	267. 369 6	255. 430 1	247. 231
10	4 346	1. 525 986	94. 624 48	95. 245 06	268. 558 3	251. 977 6	242. 388 7

表 4-4　形状和棱角性的量化参数及分析方法

参数名称	名称缩写	计算公式	维数	分析方法	
				Image Pro Plus	Image Pro Plus＋Matlab
轴长比	AR	式(4-1)	2	√	
形状指数	FI	式(4-2)	2		√
圆度	R	式(4-3)	2	√	
面积比	$Area\ Ratio$	式(4-4)	2		√
球度	SPH	式(4-10)	3		√
扁平度与延伸率之比	FER	式(4-11)	3		√
棱角性指数	AI	式(4-13)	2,3		√
半径棱角性指数	RAI	式(4-17)	2,3		√
周长棱角性指数	$Angularity$	式(4-21)	2,3	√	

了统计分析。所选择的花岗岩骨料由颚式破碎机进行二次破碎后获得,且骨料粒径范围为 16~20 mm。另外,由于玄武岩和石灰岩材料有限,未能进行相关试验。

4.2.4　形状参数的统计分析

各形状参数的统计分析结果见表 4-5,各参数具体测量结果分别列于表 4-6—表 4-11 中。需要说明的是,对于表征描述粗骨料二维形状的参数,即 AR、FI、R 及 $Area\ Ratio$,以粗骨料的俯视图为对象进行计算。从表 4-5 可以发现形状指数 FI 的平均值最大,为 3.218,而球度 SPH 的平均值最小,为 0.803。另外,各参数的离散性均较大,变异系数介于 7.43%~19.30% 之间。

表 4-5　200 颗花岗岩碎石骨料的形状参数统计分析结果

形 状 参 数	最小值	最大值	平均值	标准差 σ	变异系数
轴长比 AR	1.000	2.308	1.360	0.239	17.59%
形状指数 FI	2.150	5.590	3.218	0.589	18.30%
圆度 R	1.101	1.817	1.286	0.096	7.43%
面积比 $Area\ Ratio$	1.203	2.00	1.441	0.121	8.37%
球度 SPH	0.595	0.988	0.803	0.081	10.03%
扁平度与延展率之比 FER	1.023	2.565	1.537	0.297	19.30%

表 4 - 6　200 颗花岗岩碎石骨料的形状参数 AR 测量值

1.000	1.105	1.165	1.205	1.270	1.312	1.363	1.454	1.557	1.687
1.008	1.107	1.165	1.208	1.270	1.316	1.367	1.463	1.566	1.696
1.014	1.108	1.166	1.209	1.278	1.323	1.369	1.468	1.576	1.704
1.021	1.111	1.170	1.210	1.278	1.327	1.369	1.477	1.579	1.705
1.030	1.112	1.173	1.210	1.281	1.327	1.371	1.480	1.579	1.710
1.038	1.117	1.173	1.214	1.281	1.330	1.371	1.483	1.582	1.712
1.048	1.117	1.173	1.215	1.285	1.330	1.375	1.494	1.589	1.724
1.052	1.120	1.175	1.224	1.285	1.333	1.376	1.495	1.589	1.730
1.057	1.124	1.176	1.227	1.288	1.366	1.377	1.496	1.593	1.754
1.062	1.129	1.178	1.228	1.291	1.336	1.378	1.501	1.603	1.795
1.066	1.130	1.179	1.229	1.292	1.338	1.380	1.507	1.624	1.804
1.070	1.132	1.180	1.231	1.293	1.338	1.386	1.512	1.626	1.807
1.071	1.139	1.181	1.243	1.300	1.340	1.396	1.512	1.638	1.859
1.071	1.139	1.182	1.250	1.300	1.340	1.403	1.525	1.646	1.861
1.073	1.143	1.183	1.250	1.301	1.342	1.411	1.534	1.650	1.896
1.078	1.151	1.187	1.252	1.302	1.347	1.421	1.541	1.654	1.975
1.084	1.152	1.189	1.259	1.303	1.349	1.432	1.550	1.656	2.017
1.089	1.155	1.192	1.259	1.303	1.359	1.433	1.554	1.674	2.160
1.093	1.159	1.202	1.261	1.310	1.359	1.442	1.555	1.682	2.218
1.095	1.164	1.204	1.265	1.311	1.362	1.445	1.555	1.684	2.308

表 4 - 7　200 颗花岗岩碎石骨料的形状参数 FI 测量值

2.151	2.602	2.749	2.856	2.980	3.124	3.254	3.472	3.677	3.898
2.184	2.618	2.760	2.867	2.991	3.117	3.277	3.489	3.716	3.899
2.241	2.622	2.760	2.871	3.020	3.130	3.289	3.492	3.729	3.909
2.262	2.624	2.757	2.882	3.032	3.144	3.292	3.514	3.729	3.913
2.283	2.626	2.768	2.877	3.027	3.146	3.293	3.515	3.737	3.994
2.333	2.629	2.772	2.890	3.041	3.161	3.299	3.529	3.741	4.072
2.356	2.632	2.774	2.902	3.075	3.157	3.304	3.541	3.766	4.120
2.371	2.638	2.775	2.921	3.075	3.161	3.318	3.550	3.785	4.121
2.390	2.642	2.777	2.918	3.085	3.195	3.332	3.563	3.792	4.129

2.408	2.642	2.795	2.928	3.083	3.186	3.335	3.572	3.805	4.296
2.444	2.661	2.800	2.940	3.078	3.196	3.347	3.593	3.818	4.392
2.458	2.663	2.807	2.939	3.091	3.198	3.348	3.605	3.821	4.467
2.464	2.668	2.807	2.944	3.091	3.208	3.350	3.612	3.842	4.483
2.470	2.679	2.811	2.946	3.094	3.207	3.368	3.614	3.843	4.490
2.482	2.694	2.822	2.952	3.096	3.212	3.379	3.622	3.866	4.518
2.487	2.695	2.831	2.956	3.101	3.221	3.388	3.628	3.872	4.677
2.513	2.705	2.849	2.959	3.114	3.234	3.408	3.632	3.879	4.881
2.543	2.703	2.855	2.971	3.114	3.240	3.429	3.632	3.880	4.990
2.578	2.726	2.856	2.970	3.114	3.244	3.434	3.642	3.887	5.538
2.585	2.729	2.863	2.983	3.109	3.256	3.460	3.645	3.897	5.586

表 4-8　200 颗花岗岩碎石骨料的形状参数 R 测量值

1.101	1.178	1.206	1.230	1.257	1.277	1.298	1.320	1.352	1.385
1.127	1.181	1.206	1.232	1.258	1.278	1.298	1.323	1.353	1.387
1.143	1.181	1.206	1.238	1.259	1.279	1.299	1.324	1.354	1.389
1.144	1.181	1.208	1.239	1.260	1.279	1.299	1.325	1.355	1.404
1.150	1.182	1.215	1.239	1.260	1.279	1.300	1.325	1.357	1.412
1.151	1.184	1.215	1.240	1.263	1.280	1.303	1.326	1.359	1.420
1.153	1.185	1.216	1.240	1.264	1.280	1.304	1.331	1.363	1.424
1.161	1.188	1.216	1.241	1.265	1.282	1.306	1.331	1.365	1.439
1.162	1.189	1.216	1.243	1.266	1.283	1.307	1.339	1.366	1.441
1.165	1.189	1.217	1.245	1.270	1.283	1.309	1.340	1.366	1.444
1.165	1.189	1.217	1.246	1.270	1.283	1.309	1.341	1.368	1.458
1.169	1.189	1.217	1.249	1.270	1.285	1.310	1.341	1.368	1.461
1.170	1.189	1.221	1.250	1.273	1.286	1.311	1.342	1.368	1.468
1.171	1.190	1.225	1.250	1.273	1.289	1.312	1.343	1.369	1.472
1.172	1.192	1.225	1.250	1.273	1.290	1.313	1.344	1.370	1.489
1.174	1.193	1.227	1.252	1.275	1.291	1.313	1.345	1.371	1.559
1.174	1.196	1.227	1.253	1.275	1.292	1.314	1.349	1.382	1.560
1.175	1.197	1.227	1.253	1.276	1.294	1.316	1.347	1.383	1.603
1.177	1.203	1.229	1.255	1.276	1.296	1.319	1.350	1.384	1.609
1.178	1.205	1.230	1.256	1.277	1.297	1.319	1.351	1.384	1.817

表 4-9　200 颗花岗岩碎石骨料的形状参数 *Area ratio* 测量值

1.203	1.300	1.341	1.366	1.396	1.427	1.458	1.496	1.539	1.598
1.231	1.302	1.342	1.368	1.399	1.428	1.458	1.498	1.546	1.600
1.249	1.303	1.344	1.368	1.401	1.428	1.460	1.503	1.553	1.600
1.252	1.304	1.344	1.371	1.405	1.432	1.460	1.509	1.554	1.605
1.255	1.307	1.345	1.373	1.408	1.434	1.460	1.510	1.556	1.609
1.263	1.307	1.350	1.375	1.408	1.436	1.461	1.510	1.557	1.610
1.267	1.308	1.351	1.375	1.410	1.438	1.466	1.512	1.557	1.619
1.268	1.309	1.352	1.377	1.412	1.439	1.467	1.513	1.560	1.624
1.272	1.309	1.353	1.377	1.415	1.439	1.472	1.514	1.560	1.630
1.275	1.311	1.353	1.381	1.415	1.441	1.474	1.515	1.561	1.634
1.279	1.312	1.354	1.382	1.415	1.443	1.475	1.515	1.565	1.642
1.282	1.316	1.355	1.383	1.417	1.444	1.476	1.516	1.570	1.643
1.282	1.316	1.357	1.385	1.418	1.444	1.478	1.517	1.573	1.686
1.285	1.321	1.359	1.385	1.419	1.448	1.483	1.522	1.574	1.699
1.287	1.321	1.360	1.386	1.420	1.448	1.489	1.524	1.578	1.708
1.287	1.327	1.362	1.388	1.424	1.450	1.489	1.524	1.578	1.716
1.287	1.329	1.363	1.389	1.425	1.450	1.491	1.526	1.583	1.761
1.289	1.330	1.364	1.389	1.426	1.452	1.494	1.528	1.587	1.775
1.291	1.335	1.365	1.394	1.426	1.455	1.494	1.534	1.587	1.776
1.292	1.341	1.366	1.395	1.427	1.455	1.495	1.534	1.598	1.998

表 4-10　200 颗花岗岩碎石骨料的形状参数 *SPH* 测量值

0.595 0	0.698 1	0.739 8	0.762 6	0.785 8	0.807 8	0.824 4	0.848 1	0.867 0	0.910 5
0.604 7	0.698 2	0.741 5	0.763 4	0.788 8	0.807 9	0.825 9	0.848 8	0.867 8	0.912 6
0.622 9	0.704 8	0.745 0	0.763 4	0.789 4	0.809 7	0.826 4	0.849 3	0.872 2	0.916 2
0.625 8	0.708 5	0.745 8	0.763 6	0.789 7	0.811 3	0.829 0	0.851 1	0.872 5	0.920 4
0.630 5	0.711 0	0.745 9	0.765 0	0.792 2	0.811 8	0.830 6	0.853 4	0.875 6	0.921 3
0.638 7	0.715 1	0.746 1	0.768 8	0.794 6	0.812 3	0.831 0	0.854 5	0.877 0	0.928 0
0.639 2	0.715 8	0.747 7	0.769 5	0.794 9	0.812 3	0.831 2	0.855 0	0.877 9	0.928 8
0.641 6	0.717 3	0.748 0	0.773 5	0.795 7	0.812 8	0.834 3	0.855 0	0.880 7	0.929 0
0.643 4	0.719 2	0.748 7	0.773 8	0.797 9	0.813 8	0.834 5	0.855 7	0.883 8	0.934 6

续　表

0.647 4	0.720 7	0.750 0	0.773 9	0.800 0	0.814 1	0.835 5	0.857 6	0.883 9	0.934 9
0.654 6	0.722 9	0.750 3	0.774 4	0.801 2	0.814 5	0.840 0	0.857 6	0.886 1	0.939 2
0.661 1	0.724 7	0.753 5	0.775 3	0.801 8	0.814 6	0.840 9	0.857 7	0.887 6	0.942 0
0.664 7	0.728 7	0.753 8	0.776 5	0.802 3	0.814 7	0.841 7	0.860 1	0.889 9	0.946 0
0.667 7	0.729 3	0.753 8	0.777 4	0.804 3	0.815 4	0.841 4	0.860 7	0.890 2	0.953 7
0.668 8	0.730 0	0.754 2	0.777 7	0.804 4	0.816 6	0.843 6	0.861 5	0.890 5	0.953 8
0.677 1	0.732 0	0.754 7	0.778 9	0.806 4	0.817 0	0.847 0	0.862 6	0.891 5	0.959 1
0.678 2	0.734 6	0.755 3	0.779 2	0.806 8	0.817 7	0.847 1	0.863 3	0.892 8	0.959 9
0.688 4	0.735 5	0.757 5	0.779 7	0.807 0	0.819 7	0.847 3	0.863 4	0.892 9	0.973 1
0.691 5	0.737 5	0.758 2	0.783 2	0.807 2	0.820 0	0.847 7	0.864 8	0.893 4	0.983 1
0.698 0	0.738 2	0.762 5	0.783 9	0.807 6	0.823 4	0.848 1	0.865 8	0.902 6	0.988 1

表 4－11　200 颗花岗岩碎石骨料的形状参数 *FER* 测量值

1.023	1.203	1.281	1.358	1.421	1.469	1.546	1.669	1.795	1.951
1.038	1.205	1.286	1.369	1.421	1.471	1.555	1.687	1.804	1.992
1.065	1.207	1.296	1.370	1.422	1.473	1.559	1.693	1.808	2.000
1.074	1.209	1.296	1.375	1.422	1.477	1.560	1.718	1.818	2.000
1.080	1.224	1.300	1.376	1.424	1.478	1.569	1.720	1.822	2.010
1.086	1.224	1.304	1.376	1.430	1.482	1.573	1.727	1.831	2.014
1.097	1.225	1.306	1.380	1.432	1.487	1.579	1.736	1.831	2.281
1.102	1.237	1.309	1.380	1.433	1.494	1.598	1.737	1.854	2.029
1.107	1.239	1.315	1.381	1.437	1.500	1.607	1.738	1.856	2.029
1.112	1.240	1.316	1.382	1.441	1.501	1.616	1.746	1.858	2.047
1.119	1.246	1.317	1.383	1.446	1.502	1.618	1.747	1.858	2.053
1.130	1.247	1.326	1.386	1.448	1.503	1.634	1.748	1.860	2.101
1.149	1.250	1.327	1.390	1.453	1.510	1.637	1.753	1.865	2.127
1.152	1.253	1.342	1.394	1.454	1.511	1.637	1.753	1.866	2.135
1.176	1.256	1.343	1.398	1.456	1.514	1.645	1.757	1.872	2.197
1.190	1.266	1.345	1.404	1.464	1.530	1.646	1.759	1.886	2.222
1.191	1.269	1.350	1.407	1.465	1.532	1.657	1.775	1.898	2.295

1.193	1.276	1.350	1.408	1.467	1.542	1.662	1.778	1.920	2.310
1.193	1.277	1.357	1.409	1.468	1.543	1.662	1.782	1.932	2.361
1.198	1.278	1.358	1.420	1.468	1.544	1.664	1.790	1.936	2.565

花岗岩碎石粗骨料的各形状参数测量结果的柱状分布图分别如图 4 - 16 所示。从图中可以发现各参数可能服从正态或对数正态分布。

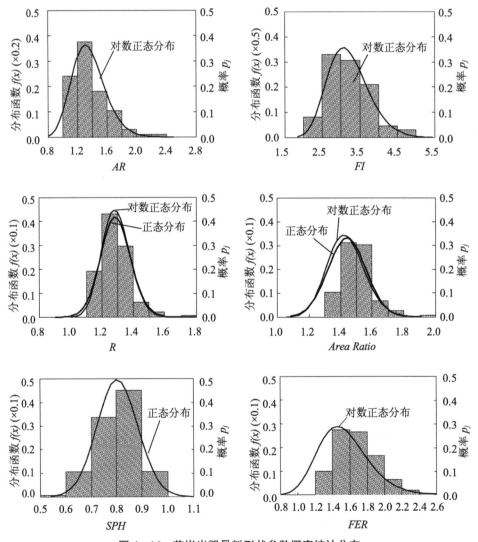

图 4 - 16　花岗岩粗骨料形状参数概率统计分布

假设花岗岩碎石骨料的形状参数样本 X 服从正态分布 H_0：$X \sim N(\mu, \sigma^2)$，或对数正态分布 H_1：$X \sim LN(\mu, \sigma^2)$。下面分别对以上骨料形状的量化参数进行显著性水平 $\alpha = 0.05$ 下的正态及对数正态分布检验，结果分别见表 4 - 12 及表 4 - 13。从图 4 - 16 可以发现，AR、FI、FER 服从对数正态分布，SPH 服从正态分布，而 R 和 $Area\ ratio$ 既服从正态分布，同时也服从对数正态分布。

表 4 - 12　花岗岩碎石骨料各形状参数正态分布的 χ^2 检验结果

形状参数	样本分区数量 n	样本观测值 χ^2	临界值 $\chi^2_{0.95}$	接受或拒绝 H_0
AR	5	11.191	5.991	拒绝
FI	5	8.857	5.991	拒绝
R	4	2.846	3.841	接受
$Area\ Ratio$	5	4.753	5.991	接受
SPH	4	2.804	3.841	接受
FER	8	16.215	11.071	拒绝

表 4 - 13　花岗岩碎石骨料各形状参数对数正态分布的 χ^2 检验结果

形状参数	样本分区数量 n	样本观测值 χ^2	临界值 $\chi^2_{0.95}$	接受或拒绝 H_1
AR	5	5.681	5.991	接受
FI	5	2.834	5.991	接受
R	4	1.185	3.841	接受
$Area\ Ratio$	5	2.094	5.991	接受
SPH	4	6.426	3.841	拒绝
FER	8	5.609	11.071	接受

另一方面，粗骨料的 3 个棱角性参数的分析结果见表 4 - 14，且各参数具体测量结果分别列于表 4 - 15—表 4 - 17 中。从表 4 - 14 中可以发现，AI、RAI 及 $Angularity$ 的数值均不在一个数量级上，其中 $Angularity$ 的离散性最小，变异系数为 2.93%。

假设花岗岩碎石骨料的棱角性参数样本 X 服从正态分布 H_0：$X \sim N(\mu, \sigma^2)$，或对数正态分布 H_1：$X \sim LN(\mu, \sigma^2)$。下面分别对三种棱角性参数进行显著性水平 $\alpha = 0.05$ 下的正态及对数正态分布检验，结果分别见表 4 - 18 及表 4 - 19。

表 4-14　200 颗花岗岩碎石骨料的棱角性参数统计分析结果

棱角性参数	最小值	最大值	平均值	标准差 σ	变异系数
AI	240.5	538.3	268.3	59.55	16.17%
RAI	5.20	43.33	14.33	5.53	38.63%
Angularity	1.061	1.265	1.137	0.033	2.93%

表 4-15　200 颗花岗岩碎石骨料的棱角性参数 AI 测量值

1.000	1.105	1.165	1.205	1.270	1.312	1.363	1.454	1.557	1.687
1.008	1.107	1.165	1.208	1.270	1.316	1.367	1.463	1.566	1.696
1.014	1.108	1.166	1.209	1.278	1.323	1.369	1.468	1.576	1.704
1.021	1.111	1.170	1.210	1.278	1.327	1.369	1.477	1.579	1.705
1.030	1.112	1.173	1.210	1.281	1.327	1.371	1.480	1.579	1.710
1.038	1.117	1.173	1.214	1.281	1.330	1.371	1.483	1.582	1.712
1.048	1.117	1.173	1.215	1.285	1.330	1.375	1.494	1.589	1.724
1.052	1.120	1.175	1.224	1.285	1.333	1.376	1.495	1.589	1.730
1.057	1.124	1.176	1.227	1.288	1.366	1.377	1.496	1.593	1.754
1.062	1.129	1.178	1.228	1.291	1.336	1.378	1.501	1.603	1.795
1.066	1.130	1.179	1.229	1.292	1.338	1.380	1.507	1.624	1.804
1.070	1.132	1.180	1.231	1.293	1.338	1.386	1.512	1.626	1.807
1.071	1.139	1.181	1.243	1.300	1.340	1.396	1.512	1.638	1.859
1.071	1.139	1.182	1.250	1.300	1.340	1.403	1.525	1.646	1.861
1.073	1.143	1.183	1.250	1.301	1.342	1.411	1.534	1.650	1.896
1.078	1.151	1.187	1.252	1.302	1.347	1.421	1.541	1.654	1.975
1.084	1.152	1.189	1.259	1.303	1.349	1.432	1.550	1.656	2.017
1.089	1.155	1.192	1.259	1.303	1.359	1.433	1.554	1.674	2.160
1.093	1.159	1.202	1.261	1.310	1.359	1.442	1.555	1.682	2.218
1.095	1.164	1.204	1.265	1.311	1.362	1.445	1.555	1.684	2.308

表 4-16　200 颗花岗岩碎石骨料的半径棱角性参数 RAI 测量值

5.2	9.21	10.32	11.48	12.38	13.4	14.99	17.1	18.72	21.4
5.93	9.24	10.42	11.48	12.4	13.42	15.03	17.12	18.74	21.45
6.11	9.33	10.42	11.51	12.4	13.44	15.12	17.12	18.93	22.38

续　表

6.42	9.37	10.45	11.51	12.41	13.45	15.13	17.27	18.95	22.86
6.45	9.51	10.58	11.55	12.42	13.54	15.14	17.29	19.02	22.94
7.02	9.61	10.6	11.62	12.51	13.61	15.16	17.33	19.11	23.19
7.11	9.74	10.63	11.67	12.55	13.61	15.28	17.38	19.15	24.11
7.49	9.84	10.65	11.69	12.61	13.71	15.52	17.4	19.17	24.52
7.96	9.89	10.7	11.69	12.63	13.71	15.66	17.74	19.31	24.75
7.98	9.91	10.74	11.69	12.69	13.77	15.98	17.77	19.45	25.49
8.02	10	10.89	11.71	12.74	13.78	15.99	17.79	19.57	25.53
8.47	10.03	10.93	11.84	12.78	13.83	16.05	17.79	19.69	26.88
8.5	10.04	10.95	11.88	12.91	14.01	16.13	17.97	19.73	29.05
8.5	10.06	10.95	11.86	12.94	14.03	16.22	18.37	19.74	32.58
8.64	10.09	10.99	11.89	13.06	14.31	16.24	18.42	19.99	43.33
8.78	10.12	11.09	11.9	13.08	14.43	16.46	18.45	20.01	—
8.95	10.17	11.12	12.05	13.12	14.53	16.46	18.46	20.2	—
8.97	10.19	11.26	12.17	13.23	14.57	16.53	18.47	20.32	—
9.04	10.24	11.33	12.18	13.24	14.75	16.9	18.54	20.48	—
9.17	10.26	11.44	12.24	13.31	14.99	17.01	18.59	21.31	—

备注："—"表示未能读取骨料的半径棱角性指数。

表 4-17　200 颗花岗岩碎石骨料的周长棱角性参数 *Angularity* 测量值

1.060 9	1.099 2	1.109 3	1.116 8	1.124 5	1.135 2	1.142 9	1.151 0	1.158 9	1.179 1
1.063 4	1.110 0	1.109 6	1.117 5	1.125 0	1.135 4	1.143 5	1.152 0	1.159 4	1.182 2
1.073 8	1.100 0	1.110 5	1.117 8	1.125 1	1.135 5	1.143 9	1.152 0	1.160 6	1.186 4
1.076 2	1.101 3	1.111 1	1.119 2	1.125 3	1.136 6	1.144 1	1.152 1	1.161 6	1.187 0
1.081 5	1.101 3	1.112 2	1.119 6	1.126 3	1.137 7	1.145 6	1.152 3	1.164 2	1.187 2
1.082 1	1.102 4	1.112 3	1.120 4	1.126 5	1.137 8	1.145 8	1.153 4	1.164 9	1.188 5
1.083 3	1.102 6	1.112 4	1.120 4	1.127 1	1.138 2	1.145 8	1.153 9	1.165 9	1.193 3
1.084 6	1.103 2	1.113 2	1.120 7	1.128 6	1.138 6	1.145 9	1.154 2	1.166 1	1.195 7
1.086 9	1.103 3	1.113 6	1.121 0	1.128 8	1.138 8	1.146 2	1.154 7	1.168 0	1.201 1
1.087 9	1.104 9	1.113 7	1.122 0	1.129 5	1.139 1	1.146 4	1.155 0	1.169 1	1.201 4
1.090 0	1.105 5	1.113 8	1.122 1	1.129 6	1.139 9	1.148 0	1.155 1	1.169 7	1.202 1

续　表

1.092 2	1.105 7	1.114 0	1.122 2	1.130 1	1.140 4	1.148 3	1.155 4	1.169 8	1.202 1
1.092 8	1.106 0	1.114 1	1.122 7	1.130 1	1.140 5	1.148 4	1.155 4	1.170 5	1.207 3
1.093 0	1.107 0	1.114 3	1.122 7	1.132 1	1.140 6	1.148 4	1.155 6	1.172 4	1.208 5
1.093 4	1.107 2	1.114 6	1.122 9	1.132 8	1.140 7	1.149 2	1.155 9	1.174 0	1.209 2
1.093 7	1.107 8	1.114 9	1.123 8	1.133 0	1.141 3	1.149 4	1.156 0	1.174 2	1.217 8
1.093 9	1.107 9	1.114 9	1.123 9	1.133 9	1.141 6	1.149 6	1.156 5	1.174 5	1.218 1
1.095 0	1.108 3	1.115 1	1.123 9	1.134 0	1.141 9	1.150 3	1.156 5	1.175 2	1.230 7
1.096 1	1.108 5	1.115 5	1.124 0	1.134 0	1.142 2	1.150 5	1.158 8	1.176 2	1.235 6
1.099 0	1.109 0	1.116 0	1.124 4	1.134 8	1.142 6	1.150 8	1.158 9	1.178 8	1.264 5

表 4‑18　花岗岩碎石骨料各棱角性参数正态分布的 χ^2 检验结果

棱角性参数	样本分区数量 n	样本观测值 χ^2	临界值 $\chi^2_{0.95}$	接受或拒绝 H_0
AI	5	0.619	5.991	接受
RAI	5	25.903	5.991	拒绝
$Angularity$	6	7.646	7.815	接受

表 4‑19　花岗岩碎石骨料各棱角性参数对数正态分布的 χ^2 检验结果

棱角性参数	样本分区数量 n	样本观测值 χ^2	临界值 $\chi^2_{0.95}$	接受或拒绝 H_1
AI	5	2.205	5.991	接受
RAI	5	2.305	5.991	接受
$Angularity$	6	8.021	7.815	拒绝

可以发现，RAI 服从对数正态分布，$Angularity$ 服从正态分布，而 AI 既服从正态分布，同时也服从对数正态分布，如图 4‑17 所示。

4.2.5　骨料的形状参数及棱角性参数独立性分析

骨料的形状和棱角性参数分别表示骨料在宏观及细观两个尺度上的形状特征。形状参数应与颗粒大小无关，且对轮廓线上棱角的变化不敏感；而棱角性参数不应受到骨料大小及轮廓方向的影响，但对骨料轮廓线上棱角的变化需敏感[70]。所以各形状参数和棱角性参数之间应该相互独立，互不影响，但都应有一定的物理意义并与材料的力学性质相关。

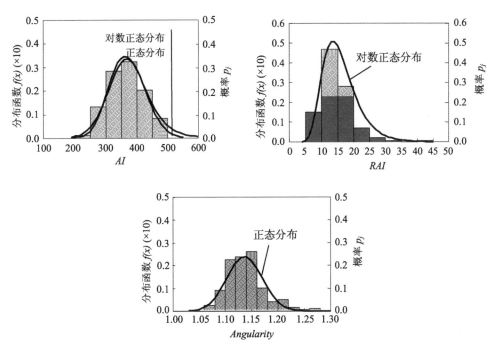

图 4-17　花岗岩粗骨料棱角性参数概率统计分布

利用上节得到的试验结果,对 200 颗骨料的各形状参数及棱角性参数之间的相关性进行了分析。皮尔森系数 r 是一种线性相关系数,反映两个变量的线性相关程度,可用下式计算:

$$r = \frac{\sum_{i=1}^{n}(x_i - \bar{x})(y_i - \bar{y})}{\sqrt{\sum_{i=1}^{n}(x_i - \bar{x})^2 \sum_{i=1}^{n}(y_i - \bar{y})^2}} \qquad (4-26)$$

式中,x_i、y_i 分别为二维随机变量 $X = [x_1, x_2, x_3, \cdots, x_n]$ 和 $Y = [y_1, y_2, y_3, \cdots, y_n]$ 的第 i 个观测值;$\bar{x}$、$\bar{y}$ 分别表示两个变量的均值;n 为样本数量。

根据相关系数检验法,在显著性水平 α 下,当

$$|r| > c_m \qquad (4-27)$$

时,拒绝假设,则可以认为两个变量线性相关;否则两个变量不是线性相关的。式中,c_m 为相关系数检验的临界值,可通过查找相关系数检验的临界值表[106]获得。通过上述方法对 200 颗花岗岩粗骨料的各形状参数与棱角性参数间的线性相关

系进行 $\alpha = 0.01$ 水平下(结合 $n=200$ 查相关系数临界值表[106],得 c_m 为 0.181)的检验,如表 4-20—表 4-22 所示,且相关关系如图 4-18—图 4-20 所示。

表 4-20 花岗岩粗骨料各形状参数与棱角性参数 *AI* 的
线性相关关系检验($\alpha=0.01$)

形 状 参 数	皮尔森相关系数 r	相关系数检验的临界值 c_m	是否相关
轴长比 *AR*	−0.030	0.181	否
形状参数 *FI*	0.335	0.181	是
圆度 *R*	0.256	0.181	是
面积比 *Area Ratio*	0.184	0.181	是
球度 *SPH*	−0.207	0.181	是
扁平度与延展率之比 *FER*	0.255	0.181	是

表 4-21 花岗岩粗骨料各形状参数与半径棱角性参数
RAI 的线性相关关系检验($\alpha=0.01$)

形 状 参 数	皮尔森相关系数 r	相关系数检验的临界值 c_m	是否相关
轴长比 *AR*	0.360	0.181	是
形状参数 *FI*	0.615	0.181	是
圆度 *R*	0.370	0.181	是
面积比 *Area Ratio*	−0.033	0.181	否
球度 *SPH*	−0.525	0.181	是
扁平度与延展率之比 *FER*	0.567	0.181	是

表 4-22 花岗岩粗骨料各形状参数与周长棱角性参数
Angularity 的线性相关关系检验($\alpha=0.01$)

形 状 参 数	皮尔森相关系数 r	相关系数检验的临界值 c_m	是否相关
轴长比 *AR*	−0.082	0.181	否
形状参数 *FI*	0.191	0.181	是
圆度 *R*	0.473	0.181	是
面积比 *Area Ratio*	0.669	0.181	是
球度 *SPH*	0.195	0.181	是
扁平度与延展率之比 *FER*	−0.172	0.181	否

结合表 4-20 和图 4-18 可以看出,除了轴长比 *AR* 与棱角性参数 *AI* 之间线性不相关外,其他形状参数,如 *FI*、*R* 等均与 *AI* 线性相关。这表明轴长比 *AR* 和棱角性指数 *AI* 可作为同一组参数,分别描述骨料的轮廓形状和棱角性而不相互影响。

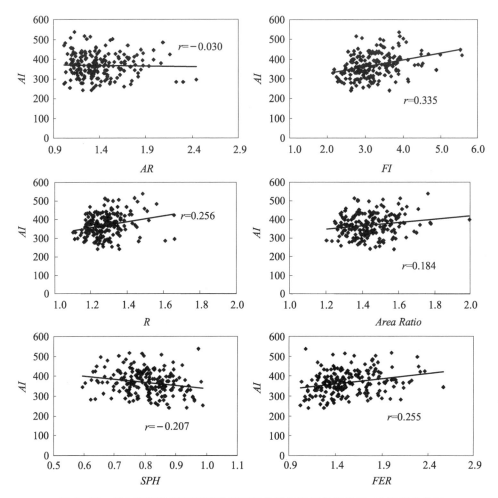

图 4-18　200 颗花岗岩粗骨料的各形状参数与其棱角性参数 *AI* 的相关关系

表 4-21 和图 4-19 说明面积比 *Area Ratio* 与半径棱角性参数 *RAI* 之间并不线性相关。同样表明 *Area Ratio* 和 *RAI* 可作为同组参数,分别用于表征骨料的轮廓形状和棱角性而不相互影响。

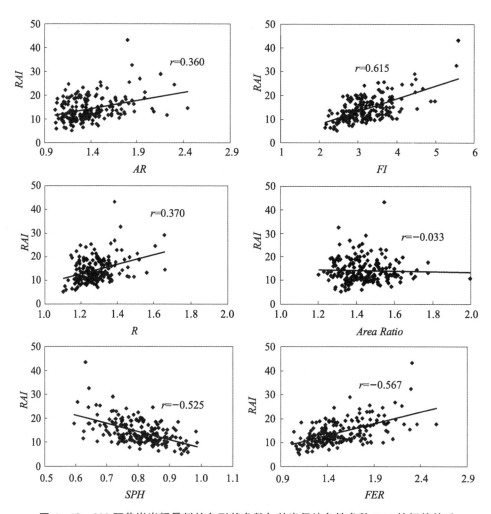

图 4‑19　200 颗花岗岩粗骨料的各形状参数与其半径棱角性参数 *RAI* 的相关关系

表 4‑22 和图 4‑20 则表明轴长比 *AR*、扁平度与延展率之比 *FER* 分别与周长棱角性参数 *Angularity* 不线性相关。这说明 *AR* 或 *FER* 与 *Angularity* 可用于表征骨料的轮廓形状和棱角性而不相互影响。

基于以上分析，得到以下能够独立反映骨料轮廓形状及棱角性的量化参数：

（1）轴长比 *AR* 和棱角性指数 *AI*；

（2）面积比 *Area Ratio* 与半径棱角性参数 *RAI*；

（3）轴长比 *AR*、长短轴之比 *FER* 与周长棱角性参数 *Angularity*。

以上三组参数均可以表征骨料的轮廓形状及棱角性特征而不受对方的影响。但是若骨料的轮廓形状或棱角性呈现一定规律的变化，各参数也应呈现

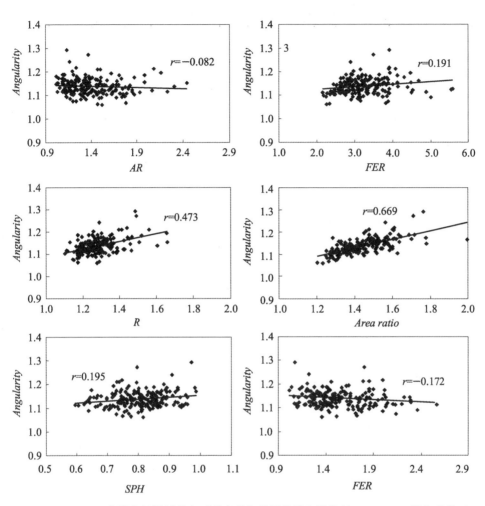

图 4 - 20　200 颗花岗岩粗骨料的各形状参数与其周长棱角性指数 *Angularity* 的相关关系

一定的规律的变化,这样才能用于分析参数对材料的力学性能的影响。因此,图 4 - 21、图 4 - 22 中显示了特殊形状骨料的这些量化参数的计算值。从图 4 - 21 中可以看出,与 *AR* 及 *FER* 不同,*Area ratio* 随着椭球形长短轴比例的变化而不变。但本书后面试验结果表明,椭球体长短轴比例变化对混凝土材料力学性能存在影响。因此该参数无法用于描述骨料形状对混凝土材料力学性能的影响。

　　另一方面,图 4 - 22 显示 *Angularity* 随着正多边形边数的增大而不断下降,而 *AI* 却表现出不规则的变动。因此,*Angularity* 更适合用于分析骨料的棱角性特征。所以本书选择 *AR*(三维上为 *FER*)和 *Angularity* 分别作为骨料轮廓形状和棱角性的量化参数,分析它们各自对混凝土力学性能的影响。

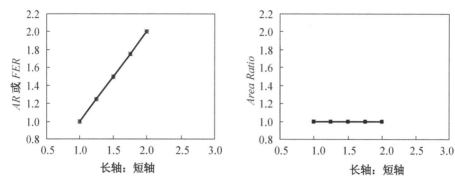

图 4‑21　椭球体的长短轴之比与形状参数 *AR*、*FER* 及 *Area ratio* 的关系

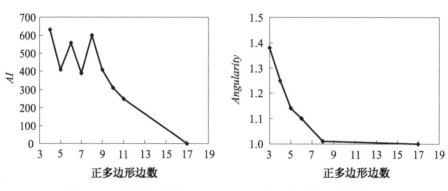

图 4‑22　棱角性参数 *AI*、*Angularity* 与正多边形边数的关系

4.3　不同形状的高硼硅玻璃混凝土力学性能

4.3.1　高硼硅玻璃混凝土力学性能试验

根据 *AR* 及 *Angularity* 的定义不难发现，无论如何改变 *AR*，椭球体的 *Angularity* 均为 1.00；而无论相邻边夹角如何改变（导致 *Angularity* 变化），正多面体的 *AR* 均为 1.00。因此，可以通过具有不同长短轴的椭球体来研究 *AR* 对混凝土力学性能的影响，通过具有不同面数的正多面体来研究 *Angularity* 对混凝土力学性能的影响。

基于上述思想，利用高硼硅玻璃加工制作了一系列特殊粗骨料，如图 4‑23 所示，包括 *Angularity* 均为 1.00，而 *AR* 分别为 1.00 的球体、1.25 及 1.50 的椭球体；以及 *AR* 均为 1.00，而 *Angularity* 分别为 1.00、1.11 及 1.23 的球体、正十二面体和正六面体。其中，粗骨料粒径（短轴）均为 18 mm。由于采用同一

(a) *AR*=1.00　　(b) *AR*=1.25　　(c) *AR*=1.50　　(d) *AR*=1.00　　(e) *AR*=1.00
Angularity=1.00　*Angulariry*=1.00　*Angulariry*=1.00　*Angulariry*=1.11　*Angulariry*=1.25

图 4‑23　不同 *AR* 及 *Angularity* 的高硼硅玻璃粗骨料

种加工方式,因此图中各骨料的表面粗糙度均相同,且测得 R_a 为 48.3 μm。

分别利用这些粗骨料制作混凝土试件,通过混凝土材料力学性能试验研究骨料轴长比 AR 及棱角性参数 *Angularity* 对混凝土轴心抗压强度、弹性模量、泊松比、抗拉强度以及破坏形态等的影响,同时为混凝土的数值模拟提供对比结果。混凝土的配合比见表 3‑28,试件尺寸及数量如表 4‑23 所示。表中试件编号遵循以下原则:① 编号第一项的首字母"G"表示高硼硅玻璃;第二个字母"C"和"D"分别表示劈裂抗拉和轴心受压试件;② 编号第二项表示骨料的轴长比 AR(1.00,1.25,1.50)或棱角性参数 *Angularity*(1.00,1.11,1.23);③ 编号第三项则表示同组中单个试件的编号。如 GC‑1.25‑2 表示粗骨料为高硼硅玻璃,且轴长比为 1.25 的混凝土劈裂抗拉试件 2。

表 4‑23　高硼硅玻璃混凝土力学性能试件

试 件 编 号	尺寸/mm	数量	用　途
GC‑1.00/1.25/1.50‑1~6	100×100×100	3×6	劈裂抗拉强度(6)
GD‑1.00/1.25/1.50‑1~6	100×100×300	3×6	受压应力应变关系(3),弹性模量(3)
GC‑1.11/1.23‑1~6	100×100×100	2×6	劈裂抗拉强度(6)
GD‑1.11/1.23‑1~6	100×100×300	2×6	受压应力应变关系(3),弹性模量(3)

4.3.2　规则骨料形状对劈裂抗拉强度的影响

试验及方法同第 3.5.2 节中混凝土的劈裂受拉试验方法。其中粗骨料 AR=1.00 的混凝土劈裂抗拉强度见表 3‑30 中 GC‑P‑1~6 的结果,平均值为 3.32 MPa。另外,表 4‑24 和表 4‑25 给出了实测其他形状粗骨料混凝土试件的劈裂抗拉强度,图 4‑24 显示了粗骨料的形状参数 AR 及棱角性参数 *Angularity* 对混凝土劈裂抗拉强度的影响。

表 4‑24　具有不同 *AR* 高硼硅粗骨料的混凝土试件的劈裂抗拉强度值

试件编号	*AR*	劈裂面面积/mm²	破坏荷载/kN	劈裂抗拉强度ᵃ/MPa	强度均值ᵇ/MPa	强度降低幅度ᶜ	实际龄期/d
GC‑1.25‑1		10 564.11	42.16	2.67			41
GC‑1.25‑2		10 657.98	44.62	2.80			41
GC‑1.25‑3	1.25	10 288.54	39.44	*2.57*	2.94 (2.79)	11.5%	41
GC‑1.25‑4		10 270.61	64.82	*4.23*			41
GC‑1.25‑5		10 226.03	46.94	3.08			41
GC‑1.25‑6		10 202.84	57.48	3.77			41
GC‑1.50‑1		10 811.79	35.82	2.22			41
GC‑1.50‑2		10 416.75	54.06	*3.48*			41
GC‑1.50‑3	1.5	10 409.67	41.32	2.66	2.40 (2.28)	27.7%	41
GC‑1.50‑4		9 916.57	34.28	2.32			41
GC‑1.50‑5ᵈ		10 359.67	32.44	*2.10*			41

备注：a—斜体值表示与最小或最大值相差超过15%，不参与强度取值计算；
　　　b—括号内数值考虑了尺寸效应，乘以0.95的折算系数后的实际强度值；
　　　c—指其他形状骨料试件的劈裂抗拉强度相对球体骨料试件值(表3‑30中的P类骨料)的变化率；
　　　d—拆模失误，导致第6个试件被破坏。

表 4‑25　具有不同 *Angularity* 高硼硅粗骨料的混凝土试件的劈裂抗拉强度值

试件编号	*Angularity*	劈裂面面积/mm²	破坏荷载/kN	劈裂抗拉强度/(MPa)ᵃ	强度均值ᵇ/MPa	强度降低幅度ᶜ	实际龄期/d
GC‑1.11‑1		1 0651.14	39.04	*2.33*			41
GC‑1.11‑2		10 454.23	39.78	2.42			41
GC‑1.11‑3	1.11	1 0566.12	44.84	2.70	2.74 (2.60)	17.4%	42
GC‑1.11‑4		10 676.87	45.46	2.71			42
GC‑1.11‑5		10 606.04	52.06	3.13			42
GC‑1.11‑6		10 413.52	59.54	*3.64*			42
GC‑1.23‑1		10 429.38	48.24	*2.95*			42
GC‑1.23‑2	1.23	10 538.45	55.22	3.34	3.16 (3.00)	4.8%	42
GC‑1.23‑3		9 887.24	46.24	2.98			42
GC‑1.23‑4ᵈ		10 475.12	62.64	*3.81*			42

备注：a—斜体值表示与最小或最大值与中间(平均)值相差超过15%；
　　　b—括号内数值考虑了尺寸效应，乘以0.95的折算系数后的实际强度值；
　　　c—指其他形状骨料试件的劈裂抗拉强度相对球体骨料试件值(表3‑30中的P类骨料)的变化率；
　　　d—由于 *Angularity* 为1.23的粗骨料不够，因此仅制作了4个劈裂受拉试件。

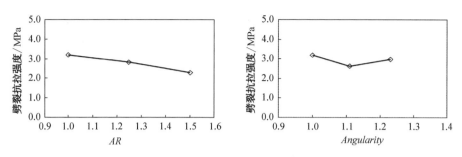

图 4 - 24　骨料 *AR* 及 *Angularity* 对混凝土劈裂抗拉力学性能的影响

从表 4 - 24 和图 4 - 24(a)中可以看出,混凝土的劈裂抗拉强度随 *AR* 的增加而降低。这是因为粗骨料的 *AR* 越大,骨料与水泥砂浆之间界面的长度越长。而我们知道混凝土的初始裂缝通常在界面处产生[33]。因此界面长度越长,可能产生越多的初始裂缝,裂缝便越容易贯通并导致破坏,从而混凝土的抗拉强度越低。

但是文献[119]通过试验得出,当骨料掺量较大时,混凝土的劈裂抗拉强度随 *AR* 的增大而略有提高。这是因为文献[119]中采用的玻璃制椭球体粗骨料的 *AR* 分别为 1.0、2.0 和 3.0,由于采用的粗骨料太长太细(一般要求粗骨料的最长轴不超过混凝土试件最短尺寸的 1/3),受力后试件中的粗骨料发生了破坏,因此导致对应混凝土的劈裂抗拉强度有所提高。这就使得试验结果受到了骨料强度的影响。作者对本次试验中的破坏试件进行观察发现,椭球体骨料均未发生破坏,如图 4 - 25(a)和(b)所示,因此得到了与文献[119]不一样的结论。

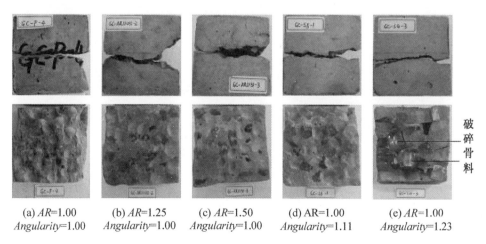

| (a) *AR*=1.00 *Angularity*=1.00 | (b) *AR*=1.25 *Angularity*=1.00 | (c) *AR*=1.50 *Angularity*=1.00 | (d) AR=1.00 *Angularity*=1.11 | (e) *AR*=1.00 *Angularity*=1.23 |

图 4 - 25　具有不同形状粗骨料的混凝土劈裂抗拉试件破坏形态

相对而言,本书的试验结果较真实地反映了骨料的形状参数 AR 对混凝土抗拉强度的影响。

另外,从表 4-25 和图 4-24(b)中可看出,混凝土劈裂抗拉强度随着粗骨料的 Angularity 的增大而降低,如相对于球形粗骨料(Angularity=1.00),正十二面体粗骨料(Angularity=1.11)的混凝土劈裂抗拉强度降低了 17.4%,而正六面体粗骨料(Angularity=1.23)的混凝土劈裂抗拉强度降低了 4.8%。Kim 等[120]通过数值计算也得到相似的结论。导致这种现象的原因可能为以下两个方面:首先,随着骨料 Angularity 的增大,骨料边界会产生离析,表现为砂浆与粗骨料的平均间距增大,削弱了界面,导致强度降低[43];另一方面,受力时由于骨料棱角处易产生应力集中[42],因此强度降低。另外观察试件的破坏面发现,部分 Angularity 为 1.23 的粗骨料出现破坏,如图 4-25(e)所示,而其他粗骨料均未破坏[图 4-25(a)—(d)],这可能导致了粗骨料 Angularity 为 1.23 的混凝土劈裂抗拉强度的降低幅度小于粗骨料 Angularity 为 1.11 的混凝土。

4.3.3 规则骨料形状对轴心受压性能的影响

试验及方法同第 3.5.3 节中混凝土的轴心受压应力-应变全过程试验方法。

利用不同形状粗骨料制作的混凝土轴心受压试件的应力-应变曲线分别如图 4-26 及图 4-27 所示。从图上可以看出,各类试件对应的峰值应变均小于 0.002,这可能是由于高硼硅玻璃表面比较光滑,使得界面容易开裂并扩展,导致混凝土的变形能力降低。

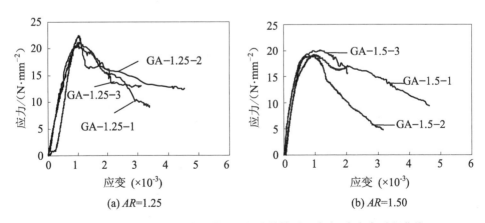

图 4-26 具有不同 AR 的粗骨料混凝土单轴受压应力-应变全过程曲线

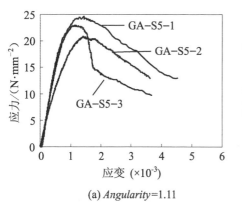

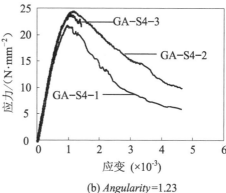

(a) *Angularity*=1.11　　　　　　　　(b) *Angularity*=1.23

图 4-27　具有不同 *Angularity* 的粗骨料混凝土单轴受压应力-应变全过程曲线

表 4-26 给出了各类混凝土试件的峰值应力及峰值应变,从表中可以看出,混凝土的抗压强度随着骨料 AR 的增加而降低,如图 4-28(a)所示。例如相对于 AR 为 1.00 的球形骨料试件,粗骨料 AR 为 1.25 及 1.50 的试件的抗压强度分别降低了 18.5% 及 25.7%。这同样是由于骨料 AR 越大,界面长度越大,从而导致试件内部裂缝更易产生并贯通,因此抗压强度降低。但这依然是在保证骨料不发生破坏的情况下的结果。从表 4-26 还可发现,随着 AR 的增大,试件的峰值应变变化很小,说明 AR 对混凝土轴压变形的影响很小。

**表 4-26　具有不同 AR 高硼硅粗骨料的混凝土轴心
受压试件的峰值应力及峰值应变**

试件编号	AR	承压面积/ mm²	破坏荷载/ kN	峰值应力/(N·mm⁻²)	轴压强度均值ᵃ/ (N·mm⁻²)	强度降低幅度ᵇ	峰值应变ᶜ (×10⁻³)	应变取值	实际龄期/ d
GD-1.25-1		10 360.28	220.30	21.26			1.061		31
GD-1.25-2	1.25	10 230.98	230.10	22.49	**21.43** (20.36)	18.5%	1.030	**1.041**	31
GD-1.25-3		10 395.60	213.41	20.53			1.032		31
GD-1.5-1		10 521.52	201.20	19.12			1.035		32
GD-1.5-2	1.50	10 391.12	200.30	19.28	**19.52** (18.54)	25.7%	1.054	**1.082**	32
GD-1.5-3		10 730.86	216.30	20.16			1.157		32

备注：a—括号内数值考虑了尺寸效应,乘以 0.95 的折算系数后的实际强度值;
　　　b—指其他形状骨料试件的轴压强度相对球体骨料试件值(表 3-30 中的 P 类骨料)的降低幅度。

表 4-27　具有不同 *Angularity* 高硼硅粗骨料混凝土轴心
受压试件的峰值应力及峰值应变

试件编号	*Angul-arity*	承压面积/mm²	破坏荷载/kN	峰值应力/(N·mm⁻²)	轴压强度均值ᵃ/(N·mm⁻²)	强度降低幅度ᵇ	峰值应变ᶜ(×10⁻³)	应变取值	实际龄期/d
GD-S5-1		10 213.06	252.60	24.73			1.432		34
GD-S5-2	1.11	10 271.13	214.90	20.92	**22.88**(21.74)	12.9%	1.426	**1.359**	34
GD-S5-3		10 242.02	235.40	22.98			1.218		34
GD-S4-1		10 191.44	221.50	21.73			1.026		33
GD-S4-2	1.23	10 222.05	250.40	24.50	**23.28**(22.12)	11.4%	1.101	**1.071**	33
GD-S4-3		10 305.33	243.40	23.62			1.086		33

备注：a—括号内数值考虑了尺寸效应,乘以 0.95 的折算系数后的实际强度值;
　　　b—指其他形状骨料试件的轴压强度相对球体骨料试件值(表 3-30 中的 P 类骨料)的降低幅度。

另外,从表 4-26 及图 4-28(b)中可看出,随着粗骨料的棱角性参数 *Angularity* 增大,混凝土的强度有所降低。例如相对于粗骨料的 *Angularity* 为 1.0 的混凝土试件,粗骨料 *Angularity* 为 1.23 及 1.11 的试件的抗压强度分别降低了 11.4% 和 12.9%。由于粗骨料 *Angularity* 为 1.23 试件中有部分粗骨料被压碎,因此相应试件的抗压强度略高于 *Angularity* 为 1.11 的试件的强度,但仍低于 *Angularity* 为 1.00 的骨料试件。这是因为 *Angularity* 为 1.00 的球形骨料周边受力均匀,更能有效抵抗变形,因此混凝土的抗压强度最高。

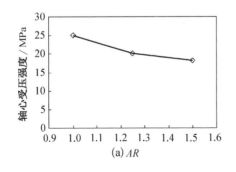
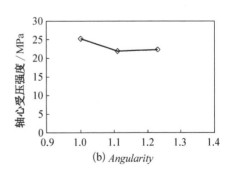

图 4-28　粗骨料的 *AR* 及 *Angularity* 对混凝土轴心受压强度的影响

各类高硼硅玻璃粗骨料的混凝土轴压试件的破坏形态分别如图 4-29 及图 4-30 所示。对破坏后的试件进行观察发现,除了部分 *Angularity* 为 1.23 的粗骨料被压碎外,其他骨料均完整,破坏均发生于骨料与水泥砂浆间的界面上。

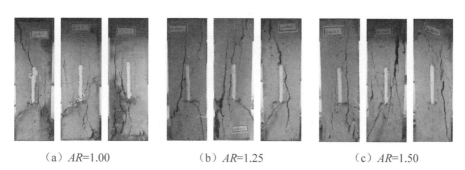

　（a）*AR*=1.00　　　　　（b）*AR*=1.25　　　　　（c）*AR*=1.50

图 4－29　具有不同 *AR* 高硼硅玻璃粗骨料混凝土轴心受压试件破坏形态

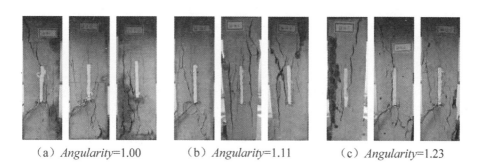

（a）*Angularity*=1.00　　　（b）*Angularity*=1.11　　　（c）*Angularity*=1.23

图 4－30　具有不同 *Angularity* 高硼硅玻璃粗骨料混凝土轴心受压试件破坏形态

4.3.4　规则骨料形状对静力受压弹性模量/泊松比的影响

　　试验及数据处理方法同第 3.5.4 节中混凝土的静力受压弹性模量及泊松比试验方法。

　　具有不同形状粗骨料的混凝土试件的弹性模量、泊松比及对应的破坏荷载分别列于表 4－28 及表 4－29 中，另外，粗骨料轴长比 *AR* 及棱角性参数 *Angularity* 对混凝土弹性模量及泊松比的影响如图 4－31(a)及(b)所示。从表 4－28 及图 4－31 中可以看出，随着粗骨料 *AR* 的增大，混凝土的弹性模量或泊松比均有所降低。这同样是由于粗骨料 *AR* 的增大，导致其抵抗变形的能力降低，从而导致混凝土的弹性模量或泊松比下降。

　　另外，从表 4－29 及图 4－32 中也可发现，随着粗骨料 *Angularity* 的增大，混凝土的弹性模量或泊松比均有所降低。例如，当粗骨料的 *Angularity* 分别为 1.11 和 1.23 时，混凝土的弹性模量分别降低了 13.3％和 11.6％。

表 4-28　具有不同 *AR* 粗骨料的混凝土弹性模量及泊松比

试件编号	*AR*	承压面积/ mm²	破坏荷载/ kN	弹性模量/ (MPa)ª	弹模均值/ MPa	降低幅度ᵇ	泊松比ª	泊松比均值	降低幅度ᵇ	龄期/ d
GA-1.25-1		10 371.85	220.50	33 073			0.256			31
GA-1.25-2	1.25	10 159.80	206.40	35 286	**34 482**	−4.9%	0.173	**0.21**	4.6%	31
GA-1.25-3		1 0231.91	216.10	35 086			0.214			31
GA-1.5-1		10 401.93	207.10	27 222			0.154			32
GA-1.5-2	1.5	10 437.51	246.80	*35 499*	**28 643**	12.8%	*0.219*	**0.17**	22.7%	32
GA-1.5-3		10 320.51	209.90	30 064			0.186			32

备注：a—斜体值表示测量弹性模量得到的抗压强度与全曲线试验中得到的轴心抗压强度的相差大于 20%；

　　　b—指其他形状骨料试件的弹性模量/泊松比相对球体骨料试件值（表 2-34 中的 P 类骨料）的变化率。

表 4-29　具有不同 *Angularity* 粗骨料的混凝土弹性模量及泊松比

试件编号	*Angularity*	承压面积/ mm²	破坏荷载/ kN	弹性模量/ (MPa)ª	弹模均值/ MPa	降低幅度ᵇ	泊松比ª	泊松比均值	降低幅度ᵇ	龄期/ d
GA-S5-4		10 327.04	228.00	3 2077			0.177			32
GA-S5-5	1.11	10 206.91	223.40	24 856	**28 467**	13.3%	0.199	**0.19**	13.6%	32
GA-S5-6		10 187.04	192.10	*35 869*			*0.217*			32
GA-S4-4		10 259.91	221.10	25 794			0.151			31
GA-S4-5	1.23	10 328.56	229.80	32 278	**29 036**	11.6%	0.207	**0.18**	18.2%	31
GA-S4-6		10 304.34	154.50	*31 208*			*0.302*			31

备注：a—斜体值表示测量弹性模量得到的抗压强度与全曲线试验中得到的轴心抗压强度的相差大于 20%；

　　　b—指其他形状骨料试件的弹性模量/泊松比相对球体骨料试件该值（表 2-34 中的 P 类骨料）的变化率。

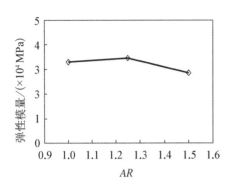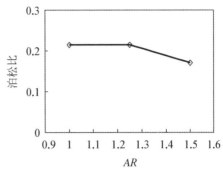

图 4‑31　骨料形状参数 *AR* 对混凝土弹性模量及泊松比的影响

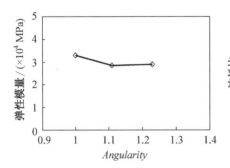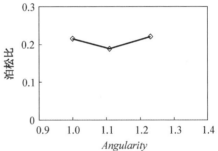

图 4‑32　骨料形状参数 *Angularity* 对混凝土弹性模量及泊松比的影响

4.4　普通岩石骨料的形状对混凝土力学性能的影响

　　上述试验结论是通过高硼硅玻璃粗骨料混凝土试验得出的,但是实际混凝土的骨料形状各异。接下来,利用颚式破碎机对花岗岩岩石进行二次破碎后,筛选出粒径介于 16~20 mm 的粗骨料,分析不规则骨料形状对混凝土力学性能的影响。

4.4.1　岩石骨料混凝土力学性能试验

　　利用第 4.2 节所述试验方法,按照不同轴长比 *AR* 和棱角性参数 *Angularity* 对 20 000 颗花岗岩碎石粗骨进行分类。由于实际粗骨料的 *AR* 及 *Angularity* 均不相同,因此只能将不同参数的骨料按图 4‑33 所示分成 A~E 五类。其中,

A、C、E 三类的 *Angularity* 范围相同,用于研究花岗岩碎石粗骨料的轴长比 *AR* 对混凝土力学性能的影响,而 B、C、D 三类则用于研究花岗岩碎石粗骨料的棱角性参数 *Angularity* 对混凝土力学性能的影响。需要说明的是,由于粗骨料的数量巨大,利用三维光学扫描仪对全部骨料进行表面粗糙度测量显然费用太高,因此以下试验中没有考虑骨料表面粗糙度的分类,由于受到骨料表面粗糙度的影响,试验结果具有局限性。今后应考虑采用准确又廉价的方法确定骨料表面粗糙度。

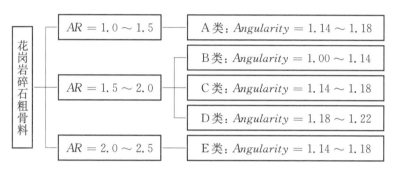

图 4-33　花岗岩粗骨料按 *AR* 及 *Angularity* 的分类示意图

粗骨料的参数获取及分类过程如下:

(1) 将 A3 白纸(297 mm×420 mm)放与有机玻璃上,然后将 100 颗粗骨料排列于粘有双面胶的白纸上,如图 4-11 所示;

(2) 利用拍摄装置获取粗骨料的俯视投影、侧视投影及前视投影(图 4-11);

(3) 将有机玻璃连同骨料撤离试验现场,放置试验室内,并保证粗骨料不会被移动或碰掉;

(4) 利用 IPP 或 Matlab 分析得到各粗骨料的 *AR* 及 *Angularity*,并确定骨料类别;

(5) 到试验室将玻璃上的骨料按照分析结果分别投入不同类别的箱子内,将不属于任何组的骨料放置废弃袋,至此该组骨料分类结束。

为了分析花岗岩粗骨料的 *AR* 及 *Angularity* 对混凝土力学性能的影响,利用每组粗骨料分别设计了如表 4-30 所示的混凝土试件,表中试件编号遵循以下原则:① 编号第一项首字母"T"表示普通花岗岩碎石粗骨料;第二个字母"C"或"D"分别表示劈裂抗拉或轴心受压试件;② 第二项字母表示花岗岩骨料属于图 4-33 中的哪一类;③ 第三项数字表示同一组中单个试件的编号。如 TD-C-2 表示属于图 4-33 中 C 类的花岗岩粗骨料混凝土轴心受压试件 2。混凝土的配合比见表 3-28。

表 4-30 普通花岗岩粗骨料混凝土试件设计

试 件 编 号	试件尺寸/mm	数 量
TC-A/B/C/D/E-1~3	100×100×100	5×3
TD-A/B/C/D/E-1~3	100×100×300	5×3

4.4.2 不规则骨料形状对劈裂抗拉强度的影响

试验方法同第 3.5.2 节中混凝土的劈裂受拉试验方法。表 4-31、表 4-32 分别给出了实测不同 AR 及 $Angularity$ 的花岗岩粗骨料混凝土试件的劈裂抗拉强度。

图 4-34(a)和(b)中分别显示了花岗岩碎石粗骨料的 AR 及 $Angularity$ 对混凝土劈裂抗拉强度的影响。从图 4-34(a)中可以看出,与高硼硅玻璃粗骨料不同,随着花岗岩碎石粗骨料 AR 的增加,混凝土的劈裂抗拉强度先升后降。如表 4-31 中较 A 类混凝土的劈裂抗拉强度而言,C 类混凝土提高了 6.7%,而 E 类混凝土降低了 16.3%。导致这种变化的原因可能是,C 类骨料的 AR 为 1.75,较 A 类骨料(AR 为 1.25)略大,试件破坏时由于部分粗骨料发生破坏导致强度提高;但当 AR 继续增大至 2.25 时,部分粗骨料可能为针片状颗粒(岩石颗粒的长度大于该颗粒所属粒级的平均粒径 2.4 倍者为针状颗粒;厚度小于平均粒径 0.4 倍者为片状颗粒[32]),这类骨料在混凝土中所占比例越大,骨料间的空隙率增加,则骨料表面集聚水膜的趋势就越强,从而削弱了界面过渡区,导致混凝土强度降低[31]。因此出现了混凝土的劈裂抗拉强度随着花岗岩碎石粗骨料 AR 的增加先提高而后降低的现象。

表 4-31 具有不同 AR 的花岗岩碎石粗骨料混凝土试件的劈裂抗拉强度

试件编号	AR[a]	$Angularity$[a]	劈裂面面积/mm²	破坏荷载/kN	劈裂抗拉强度[b]/MPa	强度均值[c]/MPa	降低幅度[d]	龄期/d
TC-A-1			10 297.78	47.24	2.92			42
TC-A-2	1.25	1.16	10 206.68	50.24	3.14	**3.31**(3.15)	0.0%	42
TC-A-3			10 199.75	52.02	3.25			42
TC-C-1			10 338.35	60.14	3.71			42
TC-C-2	1.75	1.16	10 086.83	56.58	3.57	**3.53**(3.35)	-6.7%	42
TC-C-3			10 374.31	53.94	3.31			42

续　表

试件编号	AR^a	$Angularity^a$	劈裂面面积/mm²	破坏荷载/kN	劈裂抗拉强度[b]/MPa	强度均值[c]/MPa	降低幅度[d]	龄期/d
TC-E-1			10 121.60	47.64	*3.00*			42
TC-E-2	2.25	1.16	10 299.66	44.72	2.77	**2.77**(2.63)	16.3%	42
TC-E-3			10 423.35	37.15	*2.27*			42

备注：a—取参数范围的中间值；
　　　b—斜体值表示与最小或最大值与中间值相差超过15%；
　　　c—括号内数值考虑了尺寸效应，乘以0.95的折算系数后的实际强度值；
　　　d—指C及E类粗骨料试件的劈裂抗拉强度相对A类骨料试件值的降低幅度，负值表示提高幅度。

表 4 - 32　具有不同 Angularity 的花岗岩碎石粗
骨料混凝土试件的劈裂抗拉强度

试件编号	AR^a	$Angularity^a$	劈裂面面积/mm²	破坏荷载/kN	劈裂抗拉强度[b]/MPa	强度均值[c]/MPa	强度降低幅度[d]	龄期/d
TC-B-1			10 178.42	60.32	3.78			42
TC-B-2	1.75	1.12	10 215.08	62.33	3.89	**3.72**(3.53)	0.0%	42
TC-B-3			10 261.81	56.38	3.50			42
TC-C-1			10 338.35	60.14	3.71			42
TC-C-2	1.75	1.16	10 086.83	56.58	3.57	**3.53**(3.35)	5.1%	42
TC-C-3			10 374.31	53.94	3.31			42
TC-D-1			10 291.10	45.04	2.79			42
TC-D-2	1.75	1.20	10 070.23	52.44	3.32	**3.05**(2.90)	18.0%	42
TC-D-3			10 167.12	48.75	3.05			42

备注：a—取参数范围的中间值；
　　　b—斜体值表示与最小或最大值与中间值相差超过15%；
　　　c—括号内数值考虑了尺寸效应，乘以0.95的折算系数后的实际强度值；
　　　d—指C及D类粗骨料试件的劈裂抗拉强度相对B类骨料试件值的降低幅度，负值表示提高幅度。

　　另外，从图4-34(b)中可以看出，与高硼硅玻璃粗骨料的影响相同，随着花岗岩碎石粗骨料 *Angularity* 的增加，混凝土的劈裂抗拉强度不断下降。这同样是由于棱角性大的粗骨料与水泥砂浆的界面强度较低，且更易产生应力集中所致。

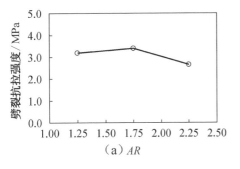
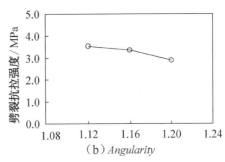

（a）*AR*　　　　　　　　　　（b）*Angularity*

图 4 - 34　花岗岩碎石粗骨料 *AR* 及 *Angularity* 对混凝土力学性能的影响

各类花岗岩粗骨料混凝土劈裂抗拉试件的破坏形态如图 4 - 35 所示,观察试件破坏面发现,骨料与砂浆分离的界面较多,且各试件中均有部分粗骨料出现破坏,这与高硼硅玻璃粗骨料混凝土试件不同。这是因为花岗岩粗骨料表面比较粗糙,与水泥砂浆的粘结作用较强,可能导致部分粗骨料破坏。

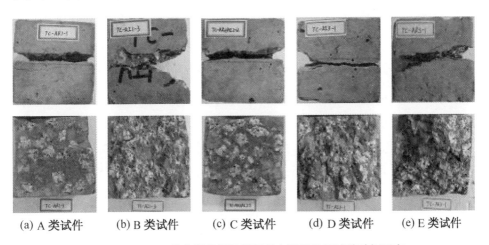

（a）A 类试件　　（b）B 类试件　　（c）C 类试件　　（d）D 类试件　　（e）E 类试件

图 4 - 35　A～E 类花岗岩粗骨料混凝土劈裂抗拉试件破坏形态

4.4.3　不规则骨料形状对轴心受压性能的影响

试验方法同第 3.5.3 节中混凝土的轴心受压应力-应变全过程试验方法。试验测得的 A～E 类花岗岩碎石粗骨料的混凝土轴心受压应力应变曲线如图 4 - 36 所示。由于 D 类骨料(*AR* 介于 1.5～2.0,*Angularity* 介于 1.18～1.22)数量较少,制作 3 个劈裂受拉试件后,仅够制作一个轴心受压试件。从图中可以看出,各试件对应的峰值应约为 0.03,略高于现有的试验统计结果 0.002[121],这可能

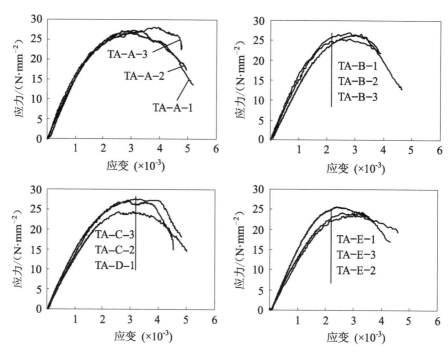

图 4-36　各类花岗岩碎石粗骨料混凝土的单轴受压应力-应变全过程曲线

是由于花岗岩骨料的表面粗糙度较大,延缓了界面裂缝的开展,从而提高了试件的变形能力。

表 4-33、表 4-34 分别列出了具有不同轴长比 AR 和棱角性参数 $Angularity$ 花岗岩粗骨料的混凝土的峰值应力及峰值应变。从表 4-33 中可以看出,混凝土的轴心抗压强度随着花岗岩粗骨料 AR 的增加而不断下降,如图 4-37(a)所示。这与高硼硅玻璃粗骨料 AR 对混凝土轴压强度的影响相同,同样是因为随着粗骨料 AR 的增加,骨料与砂浆的界面周长增加,由于泌水现象导致界面强度被削弱,从而对混凝土轴压强度产生不利影响。

另外,从表 4-34 中还可看出,随着花岗岩粗骨料 $Angularity$ 的增加,混凝土轴心抗压强度有所降低,但与高硼硅玻璃粗骨料相比,变化并不明显,如 D 类混凝土相对于 B 类而言强度仅降低了 2.1%。这可能是由于花岗岩粗骨料 $Angularity$ 的变化比较小(相对于 B 类粗骨料,C 和 D 类粗骨料的 $Angularity$ 仅提高了 3.6% 及 7.1%),导致对混凝土轴压强度的影响较小。

A~E 类花岗岩粗骨料混凝土轴心受压试件的破坏形态如图 4-38 所示。对试件的破坏面进行观察发现,各试件中均有部分花岗岩粗骨料发生破坏。

表 4-33　具有不同 *AR* 的花岗岩粗骨料混凝土轴心受压试件的峰值应力及峰值应变

试件编号	*AR* Angularity	承压面积/mm²	破坏荷载/kN	峰值应力/(N·mm⁻²)	轴压强度取值ª/(N·mm⁻²)	强度降低幅度ᵇ	峰值应变ᶜ(×10⁻³)	应变取值	龄期/d
TA-A-1	1.25 1.16	10 532.74	287.0	27.25	**27.60** (26.22)	0.0%	3 351	**3 351**	33
TA-A-2		10 232.12	278.1	27.18			2 884		33
TA-A-3		10 333.69	293.3	28.38			3 858		33
TA-C-1*	1.50 1.16	10 329.39	250.4	24.24	**26.37** (25.05)	4.5%	—	**3 045**	34
TA-C-2		10 452.66	282.8	27.06			2 909		34
TA-C-3		10 459.64	290.9	27.81			3 181		34
TA-E-1	1.75 1.16	10 590.58	271.7	25.65	**24.53** (23.30)	11.1%	*2 390*	**3 010**	34
TA-E-2		10 547.79	249.3	23.64			3 010		34
TA-E-3		10 636.65	258.4	24.29			*3 214*		34

备注：a—括号内数值考虑了尺寸效应,乘以 0.95 的折算系数后的实际强度值;
　　　b—指 C 及 E 类粗骨料试件的轴压强度相对 A 类骨料试件值的降低幅度,负值表示提高幅度;
　　　c—斜体值表示与最小或最大值与中间值相差超过 15%;
　　　*—应变片或引伸计未记录试件的变形值。

表 4-34　具有不同 *Angularity* 的花岗岩粗骨料混凝土轴压试件的峰值应力及峰值应变

试件编号	*AR* Angularity	承压面积/mm²	破坏荷载/kN	峰值应力/(N·mm⁻²)	轴压强度取值ª/(N·mm⁻²)	强度降低幅度ᵇ	峰值应变ᶜ(×10⁻³)	应变取值	龄期/d
TA-B-1	1.50 1.12	10 686.35	287.0	26.92	**26.23** (24.92)	0.0%	2 811	**2 863**	33
TA-B-2		10 620.59	269.70	25.39			2 798		33
TA-B-3		10 558.20	278.60	26.39			2 980		33
TA-C-1*	1.50 1.16	10 329.39	250.4	24.24	**26.37** (25.05)	−0.5%	—	**3 045**	34
TA-C-2		10 452.66	282.8	27.06			2 909		34
TA-C-3		10 459.64	290.9	27.81			3 181		34
TA-D-1	1.50 1.20	10 212.30	262.3	25.68	**25.68** (24.40)	2.1%	3 099	**3 099**	34

备注：a—括号内数值考虑了尺寸效应,乘以 0.95 的折算系数后的实际强度值;
　　　b—指 C 及 E 类粗骨料试件的轴压强度相对 A 类骨料试件值的降低幅度,负值表示提高幅度;
　　　c—斜体值表示与最小或最大值与中间值相差超过 15%;
　　　*—应变片或引伸计未记录试件的变形值。

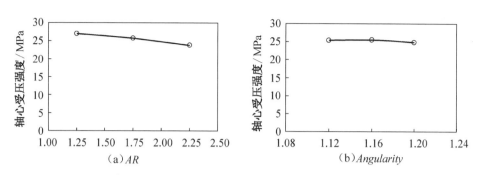

图 4 - 37　花岗岩碎石粗骨料的 *AR* 及 *Angularity* 对混凝土轴心受压强度的影响

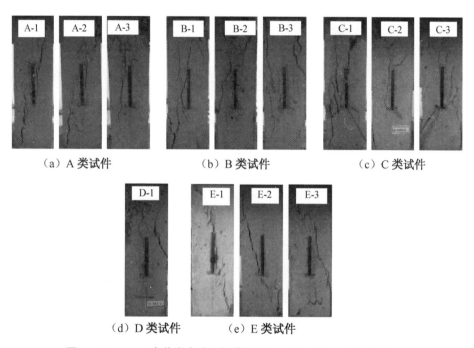

（a）A 类试件　　　　（b）B 类试件　　　　（c）C 类试件

（d）D 类试件　　　（e）E 类试件

图 4 - 38　A～E 类花岗岩碎石粗骨料混凝土轴心受压试件破坏形态

4.5　本章小结

本章试验结果表明,混凝土中粗骨料的形状对混凝土材料力学性能有明显影响。

（1）基于数字图像技术和统计学分析,发现花岗岩碎石粗骨料的形状参数 *AR*、*FI* 服从对数正态分布,*SPH* 及 *FER* 服从正态分布,而 *R* 和 *Area ratio* 既

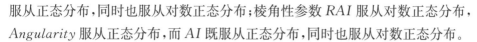

服从正态分布,同时也服从对数正态分布;棱角性参数 *RAI* 服从对数正态分布,
Angularity 服从正态分布,而 *AI* 既服从正态分布,同时也服从对数正态分布。

　　(2)对各形状参数及棱角性参数进行线性相关性检验发现,*AR* 和 *AI*,或
Area Ratio 与 *RAI*,及 *AR*(或 *FER*)与 *Angularity* 均可作为同组参数分别表征
骨料的轮廓形状和棱角性而不相互影响。通过上述参数的变化规律分析,建议
选择 *AR* 与 *Angularity* 分别表征骨料形状和棱角性,用于分析骨料形状及棱角
性对混凝土材料力学性能的影响。

　　(3)高硼硅玻璃粗骨料混凝土的力学试验结果表明,随着粗骨料 *AR* 或
Angularity 的增大,混凝土的劈裂抗拉强度、轴心受压强度、弹性模量及泊松比
均有所降低。

　　(4)花岗岩粗骨料混凝土的力学试验结果表明,混凝土劈裂抗拉强度随着
花岗岩碎石粗骨料 *AR* 的增加先提高而后降低,却随着 *Angularity* 的增加而不
断下降。另外,混凝土的轴心抗压强度随着花岗岩粗骨料 *AR* 的增加而不断下
降。同时,随着花岗岩粗骨料 *Angularity* 的增加有所降低,但与高硼硅玻璃粗
骨料相比,降低幅度较小。

第5章

改进的基于离散单元法的
混凝土材料细观力学模型

对已建立的基于离散单元法的细观力学模型[32][105]做必要改进,将圆形骨料进一步拓展为椭圆形骨料、正多边形或任意凹凸多边形骨料,通过控制骨料轴长比及相邻边夹角避免奇异骨料的产生,最终建立合适的数值力学模型以分析骨料形状对混凝土力学性能的影响。

5.1 随机变量的产生

5.1.1 蒙特卡罗法

混凝土试件中粗骨料的分布位置、任意多边形骨料的边数、轴长比等都是随机的,因此在数值模型中,需要产生一个或一组随机数来确定骨料的位置、骨料的边数或轴长比。在计算机上用蒙特卡罗法(Monte Carlo)产生随机数是目前广泛使用的方法[124]。

蒙特卡罗法是由数学、概率统计和计算技术交叉结合形成的计算方法,也称作随机模拟方法、随机抽样技术或统计试验方法,主要用于求解具有随机性的不确定性问题[124]。该方法的基本思想是当所求解问题是某种随机事件出现的概率,或是某个随机变量的期望值时,建立相关的概率模型,然后利用该概率模型所产生的随机变量进行统计试验,以求得的统计特征值(如均值、概率等)作为待解问题的数值解[124-125]。

随着计算机技术的迅速发展,计算机的运行能力不断提高,使得蒙特卡罗法在各个领域的科学研究中得到了广泛应用。

5.1.2　随机变量的产生

用数学方法产生随机数时,一般采用如下的递推公式:

$$x_{n+k} = F(x_n, x_{n+1}, \cdots, x_{n+k-1}) \tag{5-1}$$

即对于给定的初始值 $x_1, x_2, \cdots, x_k$,通过式(5-1)依次产生 $x_{n+k}(n = 1, 2, \cdots)$。

当 k 等于 1 时,式(5-1)可简化为

$$x_{n+1} = F(x_n) \tag{5-2}$$

相当于给定初始值 x_1,可依次确定 $x_2, x_3, \cdots$。

但是通过递推公式产生随机数存在以下两个问题:

(1)随机数中除前 k 个随机数是选定的之外,其他的所有随机数都是由前面的随机数所唯一确定的,不能满足随机数相互独立的要求;

(2)随机数由递推公式 F 确定,而在电子计算机上所能表示的(0,1)上的数是有限多的,因此产生的随机数存在周期性的循环现象,不满足真正随机数的要求。

由于上述原因,人们常把用上述方法产生的随机数称为伪随机数。由于该方法易于在计算机上实现,因此仍然被广泛地应用在蒙特卡罗法中,成为计算机上产生随机数的最主要方法。常见的伪随机数产生方法包括平方取中法、移位法、加同余法[126]、乘同余法[127]及混合同余法[127]。

乘同余法[127]是由 Lehmer 首先提出来的,其一般形式是采用线性递推公式:

$$x_{n+1} = \lambda x_n(\text{mod} M), \ 0 \leqslant x_{n+1} < M \tag{5-3}$$

式中,mod M 表示序列的周期。根据上式可知,λ、x_n 及 M 的选取是关键,x_n 为产生下一随机数的种子,为避免相同,通常将它设为计算机的时间;M 越大所产生的随机数越不易重复,因此 M 常取为计算机的字长 w,通常为 2^{32} 或 2^{64};λ 常设为 $0.01w \sim 0.99w$ 之间的任意整数。

由于乘同余法在计算机上很容易实现,而且运算量小。因此,本书采用乘同余法[127]产生伪随机数。

为了方便,通常把区间[0,1]上均匀分布的随机变量 x 作为最基本的随机变量,其概率密度函数可用式(5-4)表示:

$$f(x) = \begin{cases} 1 & x \in [0, 1] \\ 0 & x \notin [0, 1] \end{cases} \tag{5-4}$$

之后在计算机上利用递推公式(5-3)就可产生随机变量 x 的抽样序列 $\{x_n\}$,通常称 x_n 为[0,1]区间上均匀分布的随机变量 x 的伪随机数。这一过程可利用 VC++库函数 rand() 和 srand() 实现。

而服从其他分布形式的随机数可通过相应变换产生[128]。如在区间[a,b]上服从均匀分布的随机数 x',可以通过式(5-5)变换得到:

$$x' = a + (b-a)x \tag{5-5}$$

如服从 weibull 分布[a,b]的随机数 x',则可以通过式(5-6)变换得到:

$$x' = b \cdot [-\log(x)]^{1/a} \tag{5-6}$$

如服从正态分布[μ,σ^2]的随机数 x',由于多个服从均匀分布的变量之和近似服从正态分布,因此可通过式(5-7)变换得随机数 x:

$$x' = \mu + \sigma^2 \left[\eta - \frac{1}{20n}(3\eta - \eta^3) \right] \tag{5-7}$$

式中,$\eta = \dfrac{1}{\sqrt{n}} \displaystyle\sum_{i=1}^{n} x_i$,其中 n 为保证随机数的分布接近于正态分布所需要的项数,本书通过分析发现 n 为 12 时随机变量已很接近正态分布。

5.2 任意形状骨料的随机生成

5.2.1 任意凹凸多边形骨料

实际工程中,利用破碎技术获得的碎石是混凝土中使用最广泛的粗骨料。作者通过对花岗岩碎石骨料进行调查发现,碎石骨料的轮廓既有外凸也内凹,并且骨料边界拐角变化平缓,很少带有尖锐夹角的情况。因此,在二维平面上可用如图 5-1 所示的任意多边形表示粗骨料。

确定骨料的边数 n、顶点数量 $n+1$ 及骨料中心点 o 到顶点 i 的距离 R_i 之后,可由(5-8)式可求得骨料顶点 i 在局部坐标系 xoy 下的

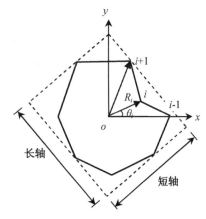

图 5-1 多边形骨料轮廓

坐标。

$$
\begin{cases}
x_i = R_i \cos\left(\dfrac{i\pi}{2} + \theta_i\right) \\[2mm]
y_i = R_i \sin\left(\dfrac{i\pi}{2} + \theta_i\right)
\end{cases}
\qquad (i = 0,\ 1,\ 2,\ \cdots,\ n-1,\ n) \qquad (5-8)
$$

式中，θ_i 为骨料中心点 o 和顶点 i 间的连线与局部坐标 x 轴的夹角。

另外，为避免奇异骨料（即如图 5-2 所示的带有尖角的多边形）的出现，数值模型中对骨料相邻边的内夹角进行了限制，通过试算发现，当内夹角大于 $\pi/2$ 时，可以避免奇异骨料的产生且不会降低骨料的生成效率。

骨料生成之前，根据瓦拉文公式[123]确定二维平面上各级骨料的粒径和面积。然后由面积等效原则及以下步骤在局部坐标系下生成多边形骨料。

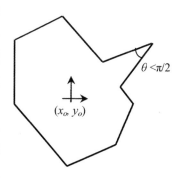

图 5-2　奇异骨料示意图

（1）以局部坐标系 xoy 的原点为局部坐标系下骨料的中心点 $(x_o,\ y_o)$。

（2）按照均匀分布规律在 $(\mathrm{Min},\mathrm{Max})$ 之间随机产生整数作为骨料边数 n，$\mathrm{Min},\mathrm{Max}$ 分别为设定的骨料边数的最小值和最大值，可通过程序窗口直接输入，如图 5-3 所示。

（3）按照在区间 $(a,\ b)$ 间服从对数正态分布 $X\sim N(\mu,\ \sigma^2)$ 的规律随机产生骨料颗粒的轴长比 AR，$a,\ b$ 为骨料轴长比的最小值和最大值；μ,σ 为服从对数正态分布的骨料轴长比的均值和标准差，这些参数均从程序窗口输入，如图 5-3 所示。

（4）根据骨料轴长比及粒径，过骨料中心点沿 x 轴和 y 轴分别确定骨料长轴及短轴的两端顶点，即确定了 4 个顶点。

（5）按照均匀分布规律在 $(W/2,\ L/2)$ 之间随机产生 R_i；根据式 $(5-8)$ 计算顶点 i 的局部坐标 $(x_i,\ y_i)$。

（6）重复步骤 (5)，直到 i 大于 n，至此所有顶点坐标确定。

（7）检查骨料相邻边的内夹角是否小于 $\pi/2$，若是，认为骨料奇异，转至步骤 (4)；反之进入下一步。

（8）连接各个顶点，即生成多边形骨料。多边形骨料的数值生成过程可用图 5-4 表示。

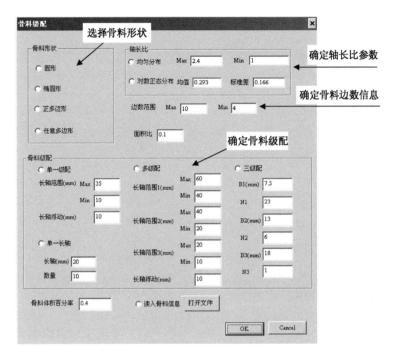

图 5‑3 仿真程序中骨料信息的输入窗口

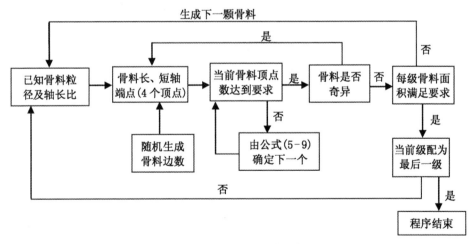

图 5‑4 多边形骨料数值生成流程

5.2.2 椭圆形骨料

如图 5‑5 所示,椭圆形可视为由无数短边构成的多边形,短边的数量 n 由下式确定。

$$n = P/d \qquad (5-9)$$

式中,P 为骨料周长,d 为单元尺寸。则在局部坐标系 xoy 下,椭圆形骨料中任意顶点 i 的坐标可确定如下:

$$\begin{cases} x_i = 0.5L\cos(2\pi i/n) \\ y_i = 0.5W\sin(2\pi i/n) \end{cases} \quad (i = 1, 2, \cdots, n)$$
$$(5-10)$$

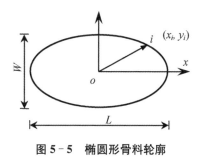

图 5-5　椭圆形骨料轮廓

式中,L 为椭圆形骨料的长轴;W 为椭圆形骨料的短轴,即骨料的粒径。

5.2.3　正多边形骨料

如图 5-6 所示,在局部坐标系 xoy 下,正多边形骨料中任意顶点 j 的坐标可由式(5-11)确定:

$$\begin{cases} x_j = 0.5 \cdot S \cdot \cos(2\pi j/n) \\ y_j = 0.5 \cdot S \cdot \sin(2\pi j/n) \end{cases} \quad (j = 1, 2, \cdots, n) \qquad (5-11)$$

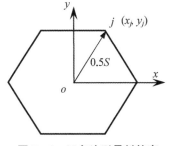

图 5-6　正多边形骨料轮廓

式中,n 表示多边形的边数,S 表示骨料粒径。

显然,正多边形和椭圆形骨料是任意多边形骨料的特殊情况。椭圆形和正多边形骨料的生成只需确定骨料粒径,轴长比或骨料边数,其中根据瓦拉文公式可确定二维平面上各级配的骨料的粒径和面积,而骨料轴长比或骨料边数可在程序窗口直接输入,如图 5-3 所示。

5.3　骨料之间的重叠判断及投放

5.3.1　骨料之间的重叠判断

文献[50]表明,基于背景网格点状态判断骨料之间的重叠状况可以有效节约骨料的重叠判断时间。首先在投放区域内形成 $m \times m$ 的背景网格点,为了避免因网格点过多而增加计算时间,及因网格点过少而无法正确判断骨料重叠状态,本书选择的网格尺寸为 $0.25d$,d 为砂浆单元尺寸。

如图 5-7 所示,骨料投放之前,定义所有网格点为初始状态;投放骨料,检查骨料内网格点的状态,若全部为初始状态,说明该骨料没有与其他骨料重叠,则更新骨料内网格点的状态并存储该骨料坐标信息,继续投放下一个骨料;若骨料内存在更新状态的网格点,说明该骨料与其他骨料重叠,则需重新投放。

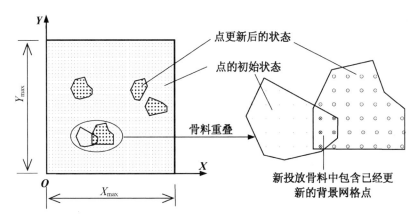

图 5-7　基于背景网格点的骨料重叠判断

5.3.2　骨料投放

所生成的各级配骨料数量满足要求后,按照粒径从大到小的顺序对多边形骨料进行重新排序。这不仅可以提高骨料的投放效率,也能保证将所有生成的骨料投放到目标区域内。

骨料投放时,首先基于蒙特卡罗法在投放区域内随机生成整体坐标系 XOY 下的骨料中心点 (X_o, Y_o),则由式(5-12)可确定骨料顶点 i 在整体坐标系下的坐标。

$$\begin{cases} X_i = X_o + x_i \\ Y_i = Y_o + y_i \end{cases} \quad (i = 0, 1, 2, \cdots, n-1, n) \quad (5-12)$$

式中,X_i、Y_i 分别为骨料顶点 i 在整体坐标系下的坐标值;x_i、y_i 分别为骨料顶点 i 在局部坐标系下的坐标值。

另外,还需保证骨料的所有顶点不超出投放区,即满足以下条件:

$$\begin{cases} \dfrac{L}{2} + 2d \leqslant X_o \leqslant X_{\max} - \dfrac{L}{2} - 2d \\ \dfrac{L}{2} + 2d \leqslant Y_o \leqslant Y_{\max} - \dfrac{L}{2} - 2d \end{cases} \quad (5-13)$$

式中, L 为骨料长轴; X_{max} 为投放区宽度; Y_{max} 为投放区高度; d 为单元尺寸。

首先采用传统的"取"和"放"方法,按顺序从骨料库中"取"出骨料,并依据骨料中心点 (X_o, Y_o) "放"入目标区域内,如图 5-8a 所示。

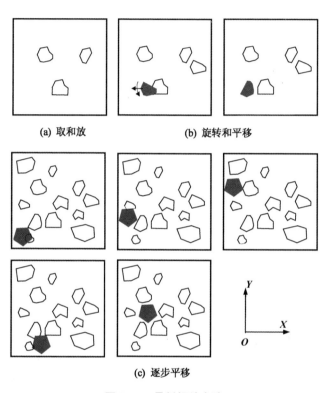

(a) 取和放   (b) 旋转和平移

(c) 逐步平移

图 5-8　骨料投放方法

若新投放骨料与已投放骨料之间发生重叠,则按照"旋转平移法"对骨料进行旋转和平移,如图 5-8b 所示。当区域内投放的骨料数量多到一定程度后,发现对骨料进行多次平移和旋转后都不能满足条件,因而极大地延长了骨料投放时间。为此本书采用了"逐步平移法"以克服骨料数量太多所带来的问题。在程序中,如果用"旋转平移法"对骨料平移次数超过 100 次也未能成功时,程序将由"旋转平移法"自动转为"逐步平移法",即骨料从区域的最左下方沿垂直方向逐步平移,当骨料到达区域的左上方还未找到合适的位置后,沿水平向右平移一个骨料宽度后,继续沿垂直方向从下向上逐步平移,每到达一个新的位置都判断骨料是否与其他骨料重叠,直至骨料不再与其他骨料重叠后停止平移,如图 5-8c 所示,骨料的整体投放过程如图 5-9 所示。

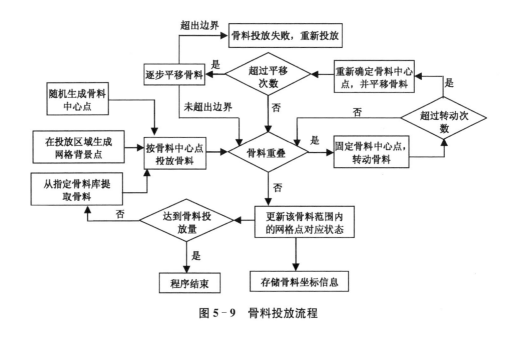

图 5 - 9　骨料投放流程

5.4　网　格　划　分

完成骨料生成及投放后,需要根据骨料的位置对各组分进行网格划分,从而区分并定义出骨料、水泥砂浆及界面单元。已有的研究大多利用三角形[57]或四边形[61]对砂浆或骨料进行网格划分,这可能会影响混凝土受荷时裂缝开展的方向。因此,本书采用 Voronoi 多边形分割理论[122]对模型进行网格划分以尽可能减少网格形状所带来的影响。混凝土材料网格划分的详细步骤如下:

(1)利用 Walraven 公式[123]确定二维试件截面上各圆形骨料的粒径及投放数量。

Walraven 基于富勒公式,将三维级配曲线转化为二维试件截面上任一点具有粒径 D 小于某一指定粒径 D_0 的圆形骨料的概率[123]:

$$P_c(D < D_0) = P_k(1.065d^{0.5} - 0.053d^4 - 0.012d^6 - 0.004\,5d^8 + 0.002\,5d^{10})$$

$$(5 - 14)$$

式中, $d = D_0/D_{\max}$, $D_{\max}$ 为最大骨料粒径; P_k 为骨料(包括粗骨料和细骨料)占混凝土总体积的百分比。

假设混凝土采用多级配骨料,设某一级配的骨料粒径范围为 $D_1 \sim D_2$,则圆

形骨料的代表粒径 D^* 可由式(5-15)确定。

$$D^* = (D_1 + D_2)/2 \qquad (5-15)$$

则二维截面上代表粒径骨料的分布数量 n_i 为：

$$n = (P_2 - P_1) \cdot (A/A^*) \qquad (5-16)$$

式中，A 为二维试件的面积；A^* 为代表粒径骨料的面积。

（2）根据各级配下不同形状骨料的面积相等，且粒径相同的原则，确定其他形状骨料的数量。生成骨料后，随机分布在混凝土水泥砂浆中，产生混凝土的随机骨料结构，如图 5-10(a)所示，并将这些多边形定义为骨料单元。

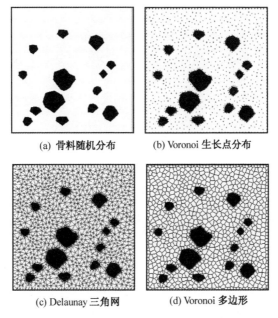

(a) 骨料随机分布   (b) Voronoi 生长点分布

(c) Delaunay 三角网   (d) Voronoi 多边形

图 5-10　网格划分过程（图中砂浆单元尺寸为 2.5 mm，粗骨料的粒径分别为 7.5 mm、13 mm 及 18 mm，对应的数量分别为 10 个、2 个及 2 个）

（3）采用 Voronoi 多边形分割理论[122]对混凝土中的其他区域进行网格划分。

首先在骨料的周边生成对应的离散生长点，然后依次在试件的周边及其他区域按一定距离生成其他离散生长点，如图 5-10(b)所示；生长点的数量一般应接近，以保证划分的网格足够均匀。然后，对所有离散生长点采用相关算法生成 Delaunay 三角形，如图 5-10(c)所示。最后，根据 Delaunay 三角形与 Voronoi

多边形的对偶性质,将 Delaunay 三角形分割图转化为 Voronoi 多边形分割图,则每一个 Voronoi 多边形都代表一个水泥砂浆刚体单元,如图 5-10(d)所示。

5.5 单元连接

5.5.1 连接弹簧组模型

网格划分之后,相邻单元之间通过弹簧进行连接,单元本身都是刚性且不发生变形,其变形都由周围连接的弹簧组的变形来表示。每个单元都有一个转动和两个平动自由度。相邻单元之间由其公共边上零厚度的弹簧组连接。弹簧组由法向弹簧和切向弹簧组成,如图 5-11 所示。其中,(x_i,y_i,θ_i) 及 (x_j,y_j,θ_j) 分别表示单元 i 和单元 j 的切向、法向位移及转角;$k_{n,s}$、$k_{s,s}$ 和 Δ_n、Δ_s 分别表示法向弹簧和切向弹簧的刚度及变形;l 为相邻单元公共边的长度;h_i 和 h_j 分别为单元 i 和单元 j 的形心到公共边的垂直距离。

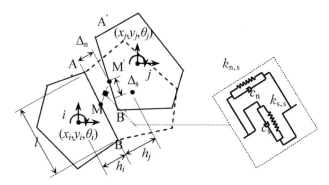

图 5-11　相邻单元间的连接[32]

静态受力过程的数值模拟结果表明[29,32],单元产生的转动位移极小,且小于平动位移几个数量级,因此在弹簧组中未考虑扭转弹簧的作用。

模型中分别定义了砂浆弹簧组和界面弹簧组。砂浆弹簧组[图 5-12(a)],连接砂浆单元和砂浆单元[图 5-12(b)],模拟砂浆的力学行为,弹簧的变形代表了与之相连的两个水泥砂浆单元形心连线间部分的变形,因此其代表长度为 (h_i+h_j);界面弹簧组连接骨料单元和砂浆单元[图 5-12(c)],模拟骨料与砂浆之间的界面的力学行为。由于模型中假设骨料单元为完全刚性且不发生变形和破坏,界面弹簧的变形仅代表水泥砂浆单元的部分变形,因此图 5-12(c)中单元 i 为骨料单元,数值模拟分析时相应的 h_i 为 0,相应的弹簧组的代表长度为 h_j。

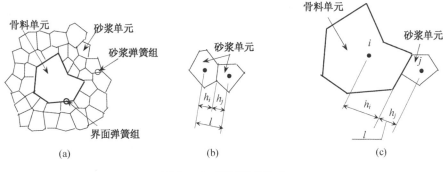

图 5 - 12　弹簧组的定义

5.5.2　连接弹簧的刚度

在多刚体-弹簧模型中,单元本身都是刚性且不发生变形,其变形都由周围连接的弹簧组的变形代表。因此结构内部的应力可以通过两单元连接面上的应力来表征。而该应力则是由弹簧的变形所产生,为了获得弹簧力首先要确定弹簧的刚度。

根据连续介质理论及平面应力问题,水泥砂浆弹簧的刚度可由式(5 - 17)计算获得[105]:

$$
\begin{cases}
k_{n,s} = \dfrac{E_e}{1 - v_e^2} \cdot \dfrac{1}{h_i + h_j} \\[4mm]
k_{s,s} = \dfrac{E_e}{2(1 + v_e)} \cdot \dfrac{1}{h_i + h_j}
\end{cases}
\tag{5 - 17}
$$

式中,$k_{n,s}$ 和 $k_{s,s}$ 分别表示水泥砂浆的法向及切向弹簧的刚度;E_e 和 v_e 分别表示水泥砂浆细观单元的弹性模量及泊松比。

由于本模型中假设界面层厚度为零、骨料完全刚性且不会破坏,界面弹簧的变形仅代表与之相连的水泥砂浆单元的变形。因此在数值模型中,可以近似认为界面弹簧的刚度系数仍然可以用式(5 - 17)计算。二者主要不同之处在于其材料参数不同。砂浆弹簧的材料参数由水泥砂浆材料力学试验确定;而界面弹簧的材料参数按照界面的力学试验确定。今后如有更准确的试验结果,可以对界面弹簧的刚度系数重新进行修正。

5.5.3　连接弹簧的本构关系及破坏准则

为了确定各弹簧在外力作用下的响应,还需要确定砂浆及界面弹簧的本构关系。为简便起见,假设砂浆弹簧和界面弹簧的本构关系有同样的表达形式。

法向弹簧主要承受拉力和压力,而切向弹簧主要承受剪力,二者的力-变形关系分别如图 5-13a 和 b 所示。图中,Δ_n 及 Δ_s 分别为弹簧的法向和切向变形;$k_{n,s}$ 和 $k_{s,s}$ 分别表示弹簧的法向和切向刚度;$F_{n,s}$ 和 $F_{s,s}$ 分别表示法向和切向的弹簧力;F_{tmax} 和 F_{cmax} 分别为法向弹簧所能承受的最大拉力和最大压力,与其对应的法向变形分别为 Δ_{tmax} 和 Δ_{cmax}。w_{max} 为最大裂缝宽度。根据有关砂浆材料的试验结果取水泥砂浆弹簧的最大裂缝宽度为 0.03 mm[129],并假定界面弹簧的最大裂缝宽度与水泥砂浆弹簧相同。F_{smax} 表示切向弹簧所能承受的最大剪力,对应的切向变形为 Δ_{smax}。

模型中假定法向弹簧力受拉为正,受压为负,法向弹簧力可由式(5-18)计算:

$$\begin{cases} F_{n,s} = 0 & (\Delta_n \geqslant w_{max}) \\ F_{n,s} = (\Delta_n - w_{max}) \cdot k_{-n,s} & (\Delta_{tmax} \leqslant \Delta_n < w_{max}) \\ F_{n,s} = k_{n,s} \cdot \Delta_n & (\Delta_{cmax} \leqslant \Delta_n < \Delta_{tmax}) \\ F_{n,s} = 0 & (\Delta_n < \Delta_{cmax}) \end{cases} \tag{5-18}$$

切向弹簧力则可由式(5-19)计算获得:

$$\begin{cases} F_{s,s} = 0 & (\Delta_s \geqslant \Delta_{smax}) \\ F_{s,s} = k_{s,s} \cdot \Delta_s & (-\Delta_{smax} \leqslant \Delta_s < \Delta_{smax}) \\ F_{s,s} = 0 & (\Delta_s < -\Delta_{smax}) \end{cases} \tag{5-19}$$

当法向弹簧达到最大拉力 F_{tmax} 时,水泥砂浆或界面单元之间开裂,开裂后法向弹簧力不断减小,如图 5-13a 所示,且开裂后法向弹簧的刚度系数 $k_{-n,s}$ 由式(5-20)确定:

$$k_{-n,s} = -F_{tmax}/(w_{max} - \Delta_{tmax}) \tag{5-20}$$

F_{tmax} 和 F_{cmax} 分别与细观单元的抗拉强度 f_{te} 和受压强度 f_{ce} 相关,而 F_{smax} 则与细观单元的最大剪应力 τ_{max} 相关,如式(5-21)所示:

$$\begin{cases} F_{tmax} = f_{te} \cdot l \cdot 1 \\ F_{cmax} = f_{ce} \cdot l \cdot 1 \\ F_{smax} = \tau_{max} \cdot l \cdot 1 \end{cases} \tag{5-21}$$

式中,l 为两单元公共边的长度;τ_{max} 与细观单元所受的正应力相关,见第 4.8 节。

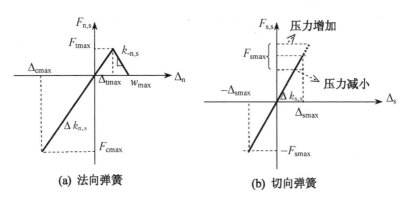

(a) 法向弹簧　　　　　**(b) 切向弹簧**

图 5 - 13　弹簧的力-变形关系

则弹簧的法向最大受拉变形 Δ_{tmax}、受压变形 Δ_{cmax} 及切向最大变形 Δ_{smax} 可由式(5 - 22)计算：

$$\begin{cases} \Delta_{tmax} = F_{tmax}/k_{n,\ s} \\ \Delta_{cmax} = -F_{cmax}/k_{n,\ s} \\ \Delta_{cmax} = F_{smax}/k_{s,\ s} \end{cases} \tag{5 - 22}$$

单元的应力和变形可由弹簧的力和变形来确定,计算公式分别如下：

$$\sigma = \frac{F_{n,s}}{l \cdot 1}, \qquad \tau = \frac{F_{s,s}}{l \cdot 1} \tag{5 - 23}$$

$$\varepsilon = \frac{\Delta_n}{h_i + h_j}, \qquad \gamma = \frac{\Delta_s}{h_i + h_j} \tag{5 - 24}$$

式中,σ、τ 分别表示单元的法向应力和剪应力；ε、γ 分别表示单元的法向应变和切向应变。

5.5.4　连接弹簧的破坏准则

水泥砂浆的试验结果[130]表明,剪压复合受力破坏准则(图 5 - 14)可用于描述砂浆弹簧组的破坏,计算公式如式(5 - 25)：

$$\begin{cases} \dfrac{\tau_m}{f_m} = 0.092 + 1.181\dfrac{\sigma_m}{f_m} - 0.964\left(\dfrac{\sigma_m}{f_m}\right)^2 & \left(\dfrac{\sigma_m}{f_m} \leqslant 0.6\right) \\[3mm] \dfrac{\tau_m}{f_m} = -0.568 + 3.406\dfrac{\sigma_m}{f_m} - 2.838\left(\dfrac{\sigma_m}{f_m}\right)^2 & \left(0.6 < \dfrac{\sigma_m}{f_m} \leqslant 1\right) \end{cases}$$

$$\tag{5 - 25}$$

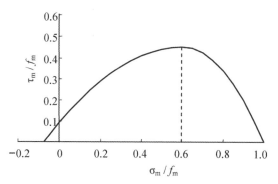

图 5‑14　水泥砂浆弹簧的破坏准则

式中,σ_m、τ_m分别为水泥砂浆法向和切向弹簧的应力;f_m为水泥砂浆的受压强度。

而界面的力学试验[29]表明,修正的莫尔库伦准则更适于描述界面弹簧组的失效行为,如图 5‑15 所示,对应的计算公式如式(5‑26)所示:

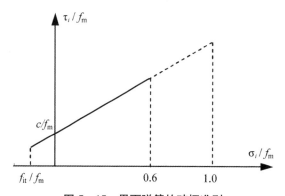

图 5‑15　界面弹簧的破坏准则

$$\frac{\tau_i}{f_m} = \frac{c}{f_m} + \tan 35° \cdot \frac{\sigma_i}{f_m} \quad \left(-f_{it}/f_m < \frac{\sigma_i}{f_m} < 1.0\right) \quad (5-26)$$

式中,σ_i、τ_i分别为界面法向和切向弹簧的应力;c为界面的内黏聚力,与骨料表面粗糙度相关;f_{it}表示界面粘结受拉强度。本书第 2 章的内容已表明 c 及 f_{it} 均与骨料表面粗糙度相关,可分别通过式(3‑6)—式(3‑8)和式(3‑11)—式(3‑13)确定。

5.6　接触弹簧组模型

弹簧没有发生破坏之前,法向和切向弹簧分别满足图 5‑13 所示的连接弹簧本构关系。同一弹簧组中,无论法向弹簧或者切向弹簧,只要发生破坏就认为该弹簧组失效,表征着相邻两个单元之间开裂或者发生了相对滑移。此时,单元之间由连接关系转化为接触关系。

基于弹塑性无张力边-边模型[131],法向接触刚度 $k_{n,c}$ 和切向接触刚度 $k_{s,c}$ 可由下式确定[32]。

$$\begin{cases} k_{n,c} = E_e \cdot \dfrac{1}{h_i + h_j} \\ k_{s,c} = \dfrac{E_e}{2(1 + v_e)} \cdot \dfrac{1}{h_i + h_j} \end{cases} \tag{5-27}$$

弹簧失效(裂缝产生)后,只有当两单元再次接触,并有"叠合"量时才会产生接触力,因此接触弹簧中法向弹簧只能承受压力,不能再承受拉力,而切向弹簧依然可承受剪力。因此,接触弹簧的力-变形关系可由图 5-16 表示。

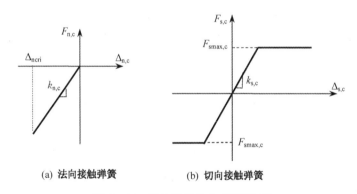

(a) 法向接触弹簧　　　(b) 切向接触弹簧

图 5-16　接触弹簧的力-变形关系

图中,$\Delta_{n,c}$ 及 $\Delta_{s,c}$ 分别为接触弹簧的法向和切向变形,对应的接触弹簧力分别为 $F_{n,c}$ 和 $F_{s,c}$;$k_{n,c}$ 和 $k_{s,c}$ 分别表示接触弹簧的法向和切向刚度;Δ_{ncri} 表示法向接触深度的最大值,以避免单元之间产生过大的叠合。结合已有的数值模拟分析[32],取为 0.003 mm。另外,当切向接触力达到最大值 $F_{smax,c}$ 时,单元之间就会发生塑性剪切滑移,且 $F_{smax,c}$ 可由式(5-28)确定:

$$F_{smax,c} = F_{n,c} \cdot \tan\theta \tag{5-28}$$

式中,θ 表示内摩擦角,可以根据试验结果取 $35°$[132]。

5.7 求 解 方 法

5.7.1 动力学方程

刚体单元在平面的运动可分解为随质心的平动和绕质心的转动两部分。基于牛顿第二定律,对于任意单元 i 可以建立如下动力方程:

$$\begin{cases} m_i \ddot{u}(t) + am_i \dot{u}(t) = F_x(t) \\ m_i \ddot{v}(t) + am_i \dot{v}(t) = F_y(t) \\ I_i \ddot{\theta}(t) + \beta I_i \dot{\theta}(t) = M(t) \end{cases} \quad (5-29)$$

式中,m_i 为单元 i 的质量;α,β 分别为单元 i 的质量阻尼系数和转动质量阻尼比例系数;I_i 为单元 i 的转动惯量;u,v 分别为单元 i 沿 x 和 y 方向的平动位移;θ 为单元 i 的转角位移;F_x,F_y,M 为单元 i 所受合外力(包括弹簧力、重力)及合力矩,t 为系统时间。

5.7.2 求解方法

离散单元法的最初用于解决岩土力学中的静力问题或准静力问题,其求解方法主要有隐式的静态松弛法和显式的动态松弛法两种。

所谓隐式静态松弛是指,当系统的反应可认为静态或准静态时,式(5-29)中左边两项忽略不计,则有:

$$F(t) = 0 \quad (5-30)$$

上式中的外力 $F(t)$ 可分解为系统所受的外力 $F^{ext}(t)$ 和单元上的所有弹簧力 $F^{int}(t)$,弹簧力可由单元质心的位移 $U(t)$ 及单元刚度 k 确定,于是式(5-30)可写为

$$kU(t) = F^{ext}(t) \quad (5-31)$$

上式所表达的就是静态松弛法的基本格式,可以看出该方法必须形成单元刚度矩阵,其与有限元的隐式求解方法并没有本质上的区别,具有相同的弱点:即大变形时易导致刚度矩阵奇异。所以本书采用显示的动态松弛求解方法。

动态松弛法于 1965 年由 Day 命名,后经 Otter 的发展用于三维体受静载的应力分析[133]。动态松弛法是一种将静力学问题转化为有阻尼动力学问题的数值求解方法,其实质是对临界阻尼振动方程进行逐步积分[131]。具体来说,是将

带有阻尼项的动态平衡方程[式(5-29)]，利用有限差分法按时步逐步迭代进行求解。

利用动态松弛法进行求解有两个假设：一是力在一个足够小的时间间隔（时步）内只能传递到一个单元，而与较远的单元没有关系；二是在一个微小时步内，一个单元受到的力或弯矩作用为时步初始时刻的值。基于这两个假设，本书采用动态松弛格式，利用中心差分法求解上述动力学微分平衡方程式(5-29)。具体求解步骤如下：

首先一阶中心差分，$\ddot{u}(t)$，$\ddot{v}(t)$，$\ddot{\theta}(t)$ 可近似为

$$\begin{cases} \ddot{u}(t) = \dfrac{\dot{u}(t+\Delta t/2) - \dot{u}(t-\Delta t/2)}{\Delta t} \\[2mm] \ddot{v}(t) = \dfrac{\dot{v}(t+\Delta t/2) - \dot{v}(t-\Delta t/2)}{\Delta t} \\[2mm] \ddot{\theta}(t) = \dfrac{\dot{\theta}(t+\Delta t/2) - \dot{\theta}(t-\Delta t/2)}{\Delta t} \end{cases} \quad (5-32)$$

式中，Δt 为计算时步。将 $\dot{u}(t)$，$\dot{v}(t)$，$\dot{\theta}(t)$ 用 $t+\Delta t/2$ 和 $t-\Delta t/2$ 时刻的均值近似，则有：

$$\begin{cases} \dot{u}(t) = \dfrac{\dot{u}(t+\Delta t/2) - \dot{u}(t-\Delta t/2)}{2} \\[2mm] \dot{v}(t) = \dfrac{\dot{v}(t+\Delta t/2) - \dot{v}(t-\Delta t/2)}{2} \\[2mm] \dot{\theta}(t) = \dfrac{\dot{\theta}(t+\Delta t/2) - \dot{\theta}(t-\Delta t/2)}{2} \end{cases} \quad (5-33)$$

将式(5-32)、式(5-33)带入式(5-29)后，可得到单元在 $t+\Delta t/2$ 时刻的速度分量：

$$\begin{cases} \dot{u}(t+\Delta t/2) = \dfrac{\dot{u}(t-\Delta t/2)(1-\alpha\Delta t/2) + \dfrac{F_x(t)}{m_i}\Delta t}{(1+\alpha\Delta t/2)} \\[4mm] \dot{v}(t+\Delta t/2) = \dfrac{\dot{v}(t-\Delta t/2)(1-\alpha\Delta t/2) + \dfrac{F_y(t)}{m_i}\Delta t}{(1+\alpha\Delta t/2)} \\[4mm] \dot{\theta}(t+\Delta t/2) = \dfrac{\dot{\theta}(t-\Delta t/2)(1-\beta\Delta t/2) + \dfrac{M(t)}{I_i}\Delta t}{(1+\beta\Delta t/2)} \end{cases} \quad (5-34)$$

由上式可知,根据 $t - \Delta t/2$ 时刻已知的 $\dot{u}(t - \Delta t/2)$,$\dot{v}(t - \Delta t/2)$ 和 $\dot{\theta}(t - \Delta t/2)$ 值可求得 $t + \Delta t/2$ 时刻的 $\dot{u}(t + \Delta t/2)$,$\dot{v}(t + \Delta t/2)$ 和 $\dot{\theta}(t + \Delta t/2)$ 值。再对 $t + \Delta t/2$ 时刻的 $\dot{u}(t + \Delta t/2)$,$\dot{v}(t + \Delta t/2)$ 和 $\dot{\theta}(t + \Delta t/2)$ 进行中心差分,可得到 t 到 $t + \Delta t/2$ 时段内 u,v 和 θ 的增量为

$$\begin{cases} \Delta u = \dot{u}(t + \Delta t/2) \cdot \Delta t \\ \Delta v = \dot{v}(t + \Delta t/2) \cdot \Delta t \\ \Delta \theta = \dot{\theta}(t + \Delta t/2) \cdot \Delta t \end{cases} \tag{5-35}$$

于是,可得到 $t + \Delta t$ 时刻单元 i 的位移为

$$\begin{cases} u(t + \Delta t) = u(t) + \Delta u \\ v(t + \Delta t) = v(t) + \Delta v \\ \theta(t + \Delta t) = \theta(t) + \Delta \theta \end{cases} \tag{5-36}$$

此时,根据弹簧本构方程,能够得到整体坐标系下的单元所受的广义合外力 $\boldsymbol{F}(t + \Delta t)$、$\boldsymbol{M}(t + \Delta t)$,包括单元上的弹簧力、力矩和其他外力及外力矩等。于是迭代可以继续进行,从而实现循环交错求解。

确定了一个单元 i 的求解过程后,利用动态松弛法求解整个试件静力响应的主要步骤可解释如下:

(1) 将荷载划分为数个荷载子步,根据实际迭代需要再将每个荷载子步划分为若干时步;

(2) 在初始时刻($t=0$),所有单元的内力值为 0 或已知的初始值。此时在加载端单元上施加第一子步的荷载,准备进入第一个时步;

(3) 逐个放松所有单元,根据单元所受的合力和合力矩基于上述的中心差分法计算其运动到的新位置,而后重新固定所有单元,如图 5-17 所示;

(4) 进入下一个时步,重复(3)中的工作,不断循环,直至完成该荷载子步所有时步的计算过工程;

(5) 在加载端单元上施加下一子步的荷载,并重复(3)—(4)中的工作,直至

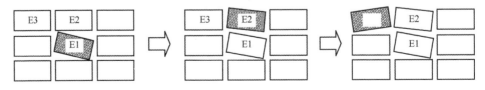

图 5-17　逐步松弛法示意图

所有荷载施加完毕。

为尽量消除在每个计算时步内由于单元放松的先后次序不同而造成的误差,采用"随机次序"对单元进行放松。即基于蒙特卡罗法,在每个计算时步内随机选择单元进行放松,并保证该单元在该时步内不重复被选。

5.8　关 键 参 数

5.8.1　阻尼

在上述动态松弛求解过程中,为了保证求得准静解,需要在单元质心施加一定的阻尼力,来减小单元平动和转动的速度,使单元逐渐安定。

工程中常用的瑞雷(Rayleigh)线性比例阻尼可表示为:

$$C = \alpha M + \beta K \tag{5-37}$$

式中,αM 称为质量比例阻尼,βK 称为刚度比例阻尼,α、β 分别是质量比例阻尼系数和刚度比例阻尼系数。

由于离散单元法中无须也难以获得体系的刚度矩阵 K,且对于作低频振动的系统而言,质量阻尼更有效[131]。因此忽略刚度比例阻尼,采用较为简单的质量比例阻尼。文献[105]通过数值模拟试算发现,只要将平动质量阻尼系数取得比临界质量阻尼比例系数小些就可以保证一个比较合理的结果。而对于尺寸小于 5 mm 的单元,临界质量阻尼比例系数在 10^5 左右。

5.8.2　时步

采用动态松弛法求解静力问题时,要求单元在时刻 Δt 内的位移足够小,这样,便对计算中的时步大小提出了要求。

时步的取值受到单元大小、弹簧刚度系数等因素的影响,一般要求时步取值须满足:

$$\Delta t \leqslant \frac{T_{\min}}{10} \tag{5-38}$$

式中,$T_{\min}$ 为单元的基本自振周期,可由下式计算:

$$T_{\min} = 2\pi \cdot \left(\sqrt{\frac{m}{k}} \right) \tag{5-39}$$

通过试算发现,对于尺寸小于 5 mm 的单元,时步取值小于 10^{-5} s 即可保证计算结果收敛[105]。

5.9　本　章　小　结

介绍了应用离散单元法进行混凝土材料破坏过程分析时所采用的二维细观力学模型。模型假设混凝土是由水泥砂浆、粗骨料及二者间界面组成的三相复合材料,基于 Voronoi 任意多边形网格划分方法对混凝土材料进行了离散化。基于原有的细观力学模型,本书做了以下改进:

(1) 实现了任意多边形粗骨料的随机生成,采用背景网格法判断骨料间的重叠状况,提高了模型的生成效率;

(2) 模型还可以随机生成具有不同轴长比或棱角性参数的粗骨料,以研究骨料轴长比及棱角性参数对混凝土材料宏观力学性能的影响。

第 *6* 章

混凝土材料宏观力学性能的数值模拟分析

考虑混凝土为粗骨料、水泥砂浆及界面三相组成,对混凝土细观力学模型进行验证,同时基于经验证的细观力学模型,进一步分析骨料表面粗糙度及骨料形状对混凝土力学性能的影响。

6.1 细观力学模型验证之一——骨料表面粗糙度的影响

第 2 章通过试验建立了骨料表面粗糙度 R_a 与界面力学性能之间的关系,并研究了骨料表面粗糙度对混凝土材料力学性能的影响。这里将骨料表面粗糙度与界面力学性能之间的关系式引入混凝土细观力学模型,对不同的骨料表面粗糙度(界面)下混凝土的破坏过程进行数值分析,并与已有的试验结果进行对比,以验证所建立的混凝土细观力学模型。

混凝土材料破坏过程的数值模型包括混凝土劈裂受拉试件以及棱柱体轴心受压应力-应变全过程。对不同用途和不同尺寸的混凝土试件建立二维数值模型。为确定二维数值试件中粗骨料的数量,5.4 节已经说明了利用 Walraven 公式[123]将三维混凝土试件中骨料的数量转换为二维模型中圆形骨料数量的方法。因此根据式(3-14)—式(3-16),确定二维截面上圆形粗骨料的粒径和数量分别如表 6-1 所示。

数值模拟时需要的计算参数如表 6-2 所示。对劈裂抗拉试件进行数值模拟时,采用力加载,且加载板对试件顶端不产生约束。但对轴心受压试件进行数值计算时,采用位移加载,且通过调整边界单元与砂浆单元之间切向弹簧的刚度来模拟加载板对试件产生的约束。经过试算发现,当加载端约束系数为 2.85～2.95 时,

表 6-1 混凝土二维几何模型截面上的圆形骨料的粒径及数量

试件类型	试件尺寸/mm	骨料粒径/mm	圆形骨料数量
劈裂受拉试件	100×100	18	9
轴心受压试件	100×300	18	26

备注：利用 Walraven 公式所转换成二维试件中的骨料数量是对圆形骨料而言的,因此对于其他形状骨料的数量,本书将根据粒径相同、面积相等的原则进行确定。分析骨料表面粗糙度的影响时,直接使用圆形骨料的数量。而分析骨料形状的影响时,需确定其他骨料形状的数量。

表 6-2 数值模型计算参数

	单元大小/mm	阻尼系数	时步/s	力加载速率/(MPa·s⁻¹)	位移加载速率/(mm·s⁻¹)
劈裂受拉	2.5	30 000	$1×10^{-5}$	$1×10^{-2}$	—
轴心受压	2.5	30 000	$1×10^{-5}$	—	$1.5×10^{-3}$

计算结果与试验结果基本一致,因此可以认为,设置约束系数为 2.9,便可以反映试验中加载板对试件的约束效果。

混凝土细观力学模型中水泥砂浆以及界面材料的力学性能参数可根据第 3.5 节所得水泥砂浆的力学性能试验结果确定。由于水泥砂浆和界面的力学性能试验中采用的均是宏观尺度的试件,得到的相关力学性能参数都属于宏观层次上的材料参数,不能直接将得到的宏观材料参数作为细观力学模型中单元的力学性能参数。文献[134]通过与已有尺寸效应研究结果进行对比,并结合数值模拟分析,并基于尺寸效应律,建立了水泥砂浆宏细观材料的力学性能参数间的转换关系,抗拉强度、受压强度、弹性模量及泊松比转换公式如式(6-1)—式(6-4)所示:

$$f_{ce} = \left(\frac{1}{a}·f_c\right)^{1/b} \tag{6-1}$$

$$f_{te} = f_t·\left(\frac{D}{d}\right)^{1/6} \tag{6-2}$$

$$v_e = -91.46v^3 + 45.79v^2 - 4.51v \tag{6-3}$$

$$E_e = E·(-34.13v^3 - 1.18v^2 + 2.18v + 1) \tag{6-4}$$

式中,f_{ce}、f_{te}、E_e 和 v_e 分别表示细观单元的受压强度、受拉强度、弹性模量和泊松比;f_c、f_t、E 和 v 分别表示宏观试件的受压强度、受拉强度、弹性模量和泊松比;

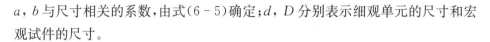

a，b 与尺寸相关的系数，由式(6-5)确定；d，D 分别表示细观单元的尺寸和宏观试件的尺寸。

$$\begin{cases} a = 0.254 \cdot \sqrt{1 + 14.511 \dfrac{d}{D}} \\ b = 0.963 \cdot \sqrt{1 + 0.195 \dfrac{d}{D}} \end{cases} \quad (d \leqslant 5 \text{ mm}) \qquad (6-5)$$

通过转换公式得到的模型中水泥砂浆单元的力学性能参数如表 6-3 所示。在使用数值仿真系统时只需输入宏观材料的力学参数(即试验结果)即可，转化过程直接嵌入程序内完成。

表 6-3　水泥砂浆宏、细观单元的力学性能参数

力学性能参数	弹性模量/MPa	泊松比	受压强度/MPa	受拉强度/MPa
宏观	23 822	0.19	26.3	3.34
细观	27 002	0.18	100.8	12.75

由于混凝土试验中采用的高硼硅玻璃主要成分为 S_iO_2(占 80% 以上)，与花岗岩的主要成分相似，因此根据花岗岩的表面粗糙度与界面力学性能间的关系式(3-8)和式(3-13)，确定三种不同表面粗糙度的高硼硅玻璃与水泥砂浆界面的粘结抗拉强度 f_{it} 及内黏聚力 c，如表 6-4 所示。对界面单元的力学参数，采用与水泥砂浆材料类似的处理方式，界面粘结抗拉强度根据式(6-1)进行转换；界面内黏聚力 c 根据式(6-2)进行转换，相关参数见表 6-4。

表 6-4　界面宏、细观单元的力学性能参数

高硼硅玻璃骨料表面粗糙度 $R_a/\mu m$	宏　观		细　观	
	抗拉强度 f_{it}/MPa	内黏聚力 c/MPa	抗拉强度 $f_{it,e}/MPa$	内黏聚力 c/MPa
24.0	0.75	0.79	3.26	3.03
48.3	1.25	1.46	5.43	5.60
259.6	2.51	4.64	9.58	17.78

6.1.1　劈裂受拉性能

对 3 种具有不同表面粗糙度的高硼硅粗骨料混凝土的劈裂抗拉试件进行

了数值模拟,结果列于表6-5中。为减小骨料随机分布对数值结果的影响,与试验要求相仿,以六个试件劈裂抗拉强度的平均值作为混凝土材料的劈裂抗拉强度值。从表中可以看出,数值模拟得到的劈裂抗拉强度值与试验结果吻合较好,二者误差介于—9.0%~6.7%之间。从表中还可看出,随着骨料表面粗糙度 R_a 的增加,混凝土的劈裂抗拉强度不断提高。说明该力学模型能够模拟混凝土试件的劈裂受拉破坏,并能反映骨料表面粗糙度对界面力学性能的影响。

表6-5 具有不同表面粗糙度骨料的混凝土劈裂抗拉强度数值模拟结果

R_a/ μm	数值试件结果							试验结果均值	d
	劈裂抗拉强度 f_{ts}/MPa						均值		
24.0	2.55	2.33	2.22	2.67	2.34	2.61	2.45	2.29	6.7%
48.3	3.43	3.36	3.05	2.43	3.42	3.56	3.21	3.32	—3.3%
259.6	3.81	4.22	3.90	3.77	4.08	3.82	3.83	4.21	—9.0%

备注:d=(数值均值—试验均值)/试验均值×100%。

图6-1列出了部分试验试件和数值试件的破坏形态。可以发现,与试验所得的裂缝形态相似,数值试件的破坏裂缝也沿着加载方向出现一条裂缝,并贯通

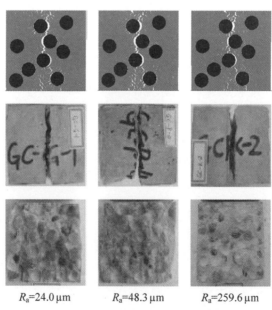

R_a=24.0μm R_a=48.3μm R_a=259.6μm

图6-1 具有不同骨料表面粗糙度的混凝土劈裂抗拉试件破坏形态对比

上、下两个加载面,说明数值模拟可以真实反映试件的破坏形态。

图 6-2 以骨料表面粗糙度 R_a 为 48.3 μm 的混凝土试件为例,说明混凝土在劈裂荷载作用下的裂缝开展形态。从图中可以看出,在加载初期(大约 $0.33f_{st}$ 时),在粗骨料与水泥砂浆界面处产生了少量裂缝,裂缝开展缓慢,且水泥砂浆中无裂缝[图 6-2(a)];之后随着荷载不断增加,界面裂缝数量稳定增多,并均沿着荷载方向在劈裂面上扩展,另外相邻骨料间的水泥砂浆也发生了开裂,如图 6-2(b)所示;当继续增加至峰值荷载时,裂缝扩展速度加快,且数量急剧增多,界面及砂浆间的裂缝迅速贯通形成一条劈裂裂缝[图 6-2(c)],导致试件发生破坏。裂缝开展过程很好地阐明了混凝土劈裂破坏的脆性特征。

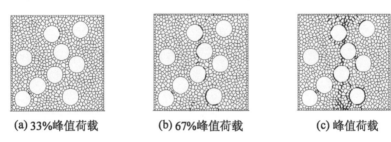

(a) 33%峰值荷载　　　(b) 67%峰值荷载　　　(c) 峰值荷载

图 6-2　混凝土劈裂抗拉试件的裂缝发展过程

图 6-3 以相同单元划分、相同粗骨料分布的混凝土数值试件为例,分别说明在劈裂荷载作用下,骨料表面粗糙度对混凝土裂缝发展的影响。

从图 6-3 中可以看出,在相同的力荷载 F 作用下,裂缝的数量随着骨料表

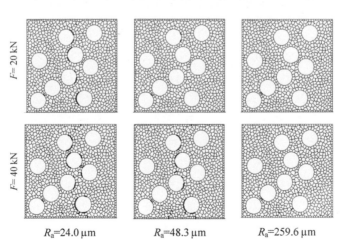

R_a=24.0 μm　　　　R_a=48.3 μm　　　　R_a=259.6 μm

图 6-3　骨料表面粗糙度对混凝土劈裂抗拉试件
裂缝开展的影响(F 为所施加荷载)

面粗糙度的增加而减少。这是因为随着骨料表面粗糙度的增加,界面的粘结性能增强,因此有效地延缓了界面裂缝的开展,从而提高了混凝土的劈裂抗拉强度。另外,从图中还可发现,界面裂缝开展到一定程度后,距离比较近的两个粗骨料之间的砂浆总是比其他位置的砂浆更容易发生破坏,这也进一步说明骨料分布位置对裂缝开展有重要影响。

6.1.2 轴心受压性能

对 $100 \text{ mm} \times 300 \text{ mm}$ 的混凝土棱柱体轴心受压应力-应变全过程进行了数值模拟,其轴压强度列于表 6-6 中,并取三个试件数值结果的平均值作为混凝土的轴压强度,以减小数值结果的离散性。从表中可以看出,除 $R_a = 259.6 \text{ } \mu m$ 的混凝土误差较大之外,其余试件通过数值模拟得到的轴心受压强度与试验结果相差较小,分别为 -4.7% 和 -6.4%。这是因为试验中 K 类骨料($R_a = 259.6 \text{ } \mu m$)的刻痕方向仅仅在一个方向有刻痕[图 2-19(c)垂直于面内],而在混凝土内部,骨料的刻痕方向并不一定与压力方向平行,导致实际混凝土中界面的粘结抗剪强度低于从界面粘结抗剪试验获得的值,而模型中采用的是从界面粘结抗剪试验中获得的结果,从而导致数值结果比试验结果高。另外,数值结果同样表明,随着骨料表面粗糙度的增加,混凝土的轴心受压强度得到了提高,但提高的幅度不断下降。这是由于当骨料表面粗糙度增大到一定程度后,界面主要发生受压破坏,二者取决于水泥砂浆的受压强度。

表 6-6 具有不同表面粗糙度骨料的混凝土轴心受压强度数值结果

$R_a/$ μm	数值试件结果				试验结果均值	d
	轴心受压强度 f_c/MPa			均 值		
24.0	14.76	15.27	17.94	15.99	16.77	-4.7%
48.3	20.64	28.77	24.68	24.70	26.28	-6.4%
259.6	31.68	31.82	31.82	31.77	28.18	12.7%

备注:$d=$(数值均值-试验均值)/试验均值×100%。

图 6-4 显示了数值模拟得到的不同骨料表面粗糙度混凝土轴心受压试件的应力-应变全过程曲线(仅列出了部分试件)。为与试验结果进行对比,数值结果的应变值选取试件中间段截面上的平均应变(图 6-5 中 C 段)。从图中可以看出,除了图 6-4(c)显示的试验结果由于偏低而导致曲线相差较大之外,其他试件的应力-应变曲线与试验结果吻合较好。但是数值模拟得到的峰值应变比

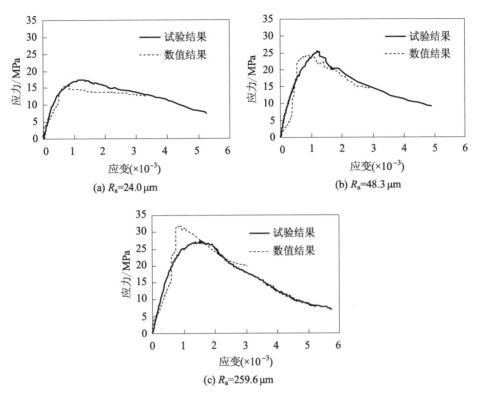

(a) $R_a=24.0\,\mu m$

(b) $R_a=48.3\,\mu m$

(c) $R_a=259.6\,\mu m$

图6-4　具有不同骨料表面粗糙度的混凝土轴心受压试件应力-应变曲线的数值模拟

试验值略有偏低,这是因为数值模型中没有考虑混凝土内部的初始缺陷以及孔隙等导致混凝土应变值偏低。

另外,通过轴心受压数值模拟得到的混凝土的弹性模量及泊松比分别列于表6-7、表6-8中,可以看出,数值结果与试验结果的误差绝对值均小于10%,这说明数值结果与试验结果吻合较好。

表6-7　具有不同表面粗糙度骨料的混凝土弹性模量数值结果

$R_a/$ μm	数值试件结果			试验结果 均值	d
	弹性模量 E/MPa		均　值		
24.0	28 142	27 462	22 575	26 060	27 942	-7.2%
48.3	29 011	29 049	33 303	30 454	32 842	-7.8%
259.6	38 338	35 758	40 196	38 097	38 717	-1.6%

备注: $d=$(数值均值—试验均值)/试验均值×100%。

表 6-8　具有不同表面粗糙度骨料的混凝土泊松比数值结果

$R_a/$ μm	数值试件结果				试验结果 均值	d
	泊松比 v/MPa			均　值		
24.0	0.181	0.184	0.196	0.187	0.205	-9.8%
48.3	0.196	0.216	0.216	0.215	0.209	-2.9%
259.6	0.179	0.181	0.192	0.184	—	—

备注：d＝(数值均值－试验均值)/试验均值×100%。

　　需要说明的是,由于轴心受压试件的横向变形在上下端面受到的约束最强,为与试验结果进行对比,因此将试件沿纵向平均划分为 5 段后(图 6-5),根据数值试件中间段 C 段的变形结果求得泊松比,因为该段基本不受端部约束的影响。从图 6-6 可知,试件截面上 A 段和 E 段的泊松比明显小于其他三段。

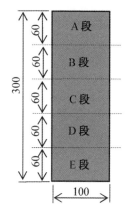

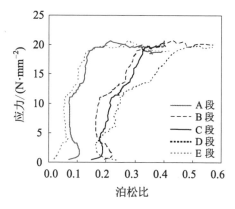

图 6-5　试件截面均匀划分为 5 段(单位：mm)

图 6-6　混凝土轴心受压试件截面泊松比

　　另外,图 6-7 显示了具有不同骨料表面粗糙度的轴心受压数值试件的破坏形态。从图中可以看出,数值模拟得到的破坏形态与试验结果一致,即裂缝主要在界面间进行发展并最终贯通,破坏时在试件截面上出现一条或多条主要的斜裂缝。

　　以骨料表面粗糙度 R_a 为 48.3 μm 的一个数值试件为例,发现混凝土轴心受压试件的裂缝发展过程如图 6-8 所示。从图中可以发现,当荷载增加到 $0.33f_c$ 时,界面处产生了少量的微裂缝,而砂浆中未发现裂缝;随着荷载增加至 $0.67f_c$ 时,界面处的裂缝数量不断增多,且裂缝开始在砂浆中产生,裂缝扩展速度也不断加快。当荷载继续增加 f_c 时,界面和水泥砂浆中的裂缝迅速扩展,平行于裂

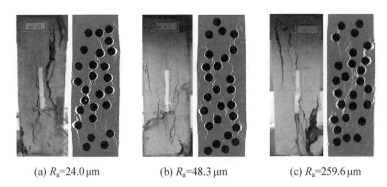

(a) R_a=24.0 μm　　　　(b) R_a=48.3 μm　　　　(c) R_a=259.6 μm

图 6‑7　具有不同骨料表面粗糙度的混凝土轴心受压破坏形态对比

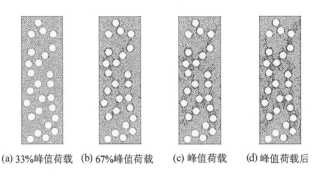

(a) 33%峰值荷载　(b) 67%峰值荷载　(c) 峰值荷载　(d) 峰值荷载后

图 6‑8　混凝土轴心受压试件的裂缝开展过程

缝方向的裂缝互相连接,试件即将破坏。峰值荷载 f_c 之后,裂缝还将继续扩展,直至内部结构破坏越来越严重,最终导致试件完全破坏。

　　图 6‑9 以相同单元划分、相同粗骨料分布的混凝土数值试件为例,分别说明不同骨料表面粗糙度下,混凝土在轴心受压作用下的裂缝的产生和发展过程。可以发现,在相同的位移荷载 D 作用下,随着骨料表面粗糙 R_a 的增加,界面裂缝

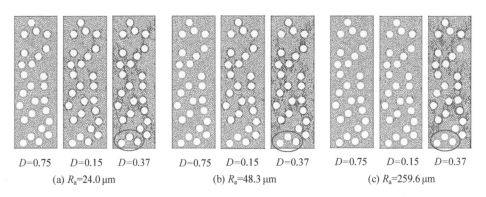

D=0.75　D=0.15　D=0.37　　D=0.75　D=0.15　D=0.37　　D=0.75　D=0.15　D=0.37

(a) R_a=24.0 μm　　　　(b) R_a=48.3 μm　　　　(c) R_a=259.6 μm

图 6‑9　骨料表面粗糙度对裂缝开展的影响(D 为所施加位移,单位:mm)

的数量明显减少。这说明骨料表面粗糙度的提高,增强了界面粘结强度,从而有效地控制了裂缝的开展,导致混凝土的轴心受压强度得到提高。另外,由于裂缝数量减少,导致裂缝开展路径发生了细微的变化。例如图 6-9 中所圈的骨料,表面粗糙度 R_a 为 24.0 μm 时,这些骨料周边的裂缝数量远远大于表面粗糙度 R_a 为 259.6 μm 时的混凝土。

6.2 细观力学模型验证之二——骨料形状的影响

第 4 章已通过试验研究了骨料形状参数 AR 及棱角性参数 $Angularity$ 对混凝土劈裂受拉及轴心受压力学性能的影响。另一方面,在改进的细观力学模型中已实现了任意多边形骨料的随机生成。因此本节将利用细观力学模型分别生成混凝土劈裂受拉试件和轴心受压试件,并进行数值计算,最后通过与试验结果对比来验证数值模型的正确性。

值得一提的是,利用 Walraven 公式[123] 所确定的二维试件上的骨料的数量仅限于圆形骨料(见 5.4 节所述),因此对于其他形状骨料的数量,需根据各级配下不同形状骨料的面积相等,且粒径相同的原则进行确定。

数值模拟时所采用的计算参数见表 6-2 所示。水泥砂浆单元的力学性能参数见表 6-3 所示。另外由于试验中不同形状骨料的表面粗糙度 R_a 均为 48.3 μm,因此界面单元的力学性能参数取表 6-4 所示的相应数值。

6.2.1 劈裂受拉性能

对具有不同形状骨料的混凝土劈裂受拉试件进行了数值模拟,其劈裂抗拉强度见表 6-9 所示,与试验相仿,每组取六个试件数值结果的平均值作为混凝土材料的劈裂抗拉强度,以减小数值结果的离散性。从表中可以看出,除了粗骨料的 $Angularity$ 为 1.23 的混凝土外,其余试件的数值结果虽稍低于试验结果,但误差介于 -7.8%~-3.3% 之间,仍在可接受的范围内。另外,对试验试件进行观察发现 $Angularity$ 为 1.23 的部分粗骨料发生了破坏,而在力学模型中,由于骨料被视为刚体单元,不会发生破坏,因此数值结果较试验结果偏低了 20.3%。这也说明,目前的细观力学模型将骨料视为刚体并不能完全正确地反映粗骨料在混凝土中的作用,有必要在后期进行改进。

表 6-9　具有不同 *AR* 或 *Angularity* 粗骨料的混凝土劈裂抗拉强度数值结果

AR	Angul-arity	数值试件结果							试验均值	d_1	d_2	d_3
		劈裂抗拉强度 f_{ts}/MPa						均值				
1.00	1.00	3.43	3.36	3.05	2.43	3.42	3.56	3.21	3.32	−3.3%	0.0%	0.0%
1.25	1.00	3.19	2.90	3.06	2.86	2.56	2.78	2.89	2.94	−1.7%	−10.0%	−11.5%
1.50	1.00	2.29	2.35	2.10	2.50	2.37	2.04	2.28	2.40	−5.5%	−26.5%	−27.7%
1.00	1.11	2.21	2.49	2.97	2.98	2.36	3.06	2.64	2.85	−7.8%	−17.8%	−14.3%
1.00	1.23	2.36	2.67	2.50	2.74	2.66	2.49	2.57	3.09	−20.3%	−19.9%	−6.9%

备注：d_1＝(数值均值−试验均值)/试验均值×100%；

d_2＝(*AR* 及 *Angularity* 均为 1.00 的试件的数值均值−其他试件的数值均值)/*AR* 及 *Angularity* 均为 1.00 的试件的数值均值×100%；

d_3＝(*AR* 及 *Angularity* 均为 1.00 的试件的试验均值−其他试件的试验均值)/*AR* 及 *Angularity* 均为 1.00 的试件的试验均值×100%。

另一方面，表 6-9 中的试验及数值结果均表明，随着骨料轴长比 *AR* 或棱角性参数 *Angularity* 的增加，混凝土劈裂抗拉强度下降。其主要原因包括以下两个方面：① 在骨料面积相同的情况下，随着骨料 *AR* 或 *Angularity* 的增加，骨料与砂浆间界面的总长度增加，这导致界面处易产生更多且更长的微裂缝；② 骨料的周长棱角性 *Angularity* 越小，骨料周边受力越均匀，则抵抗变形的能力越强。因此圆形(球体)骨料对应的混凝土的劈裂抗拉强度最高。

图 6-10 显示了具有不同骨料形状的劈裂抗拉数值试件的破坏形态。从图中可以看出，数值模拟得到的破坏形态与试验结果一致，即裂缝主要在试件中部沿着荷载方向发展并最终贯通上下加载面，破坏时在试件截面上出现一条主要裂缝。

为了说明粗骨料的 *AR* 及 *Angularity* 对混凝土劈裂受拉试件内部裂缝开展的影响，图 6-11 以相同单元划分、相同荷载作用下的混凝土数值试件为例，分别说明骨料轴长比 *AR* 及棱角性参数 *Angularity* 对混凝土在劈裂受拉作用下的裂缝发展过程的影响。从图中可以看出，在相同的荷载 F 作用下，*AR* 较大的骨料由于界面周长较长，产生的界面裂缝明显较多；*Angularity* 较大的骨料，则由于应力集中现象，导致周边的界面裂缝也明显多于圆形骨料；随着荷载的增加，界面裂缝较多的试件中，裂缝更易连接并贯通。这说明，粗骨料的轴长比 *AR* 和棱角性参数 *Angularity* 增大会导致骨料与水泥砂浆间界面更易开裂，从而降低了混凝土的劈裂抗拉强度。

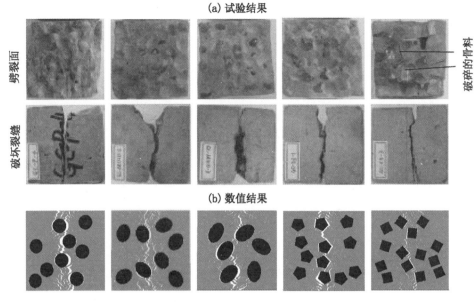

图 6‑10　不同骨料形状混凝土的劈裂抗拉破坏形态对比

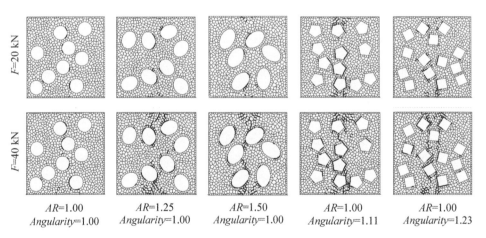

AR=1.00 Angularity=1.00	AR=1.25 Angularity=1.00	AR=1.50 Angularity=1.00	AR=1.00 Angularity=1.11	AR=1.00 Angularity=1.23

图 6‑11　粗骨料 *AR* 和 *Angularity* 对混凝土劈裂受拉裂缝开展的影响(*F* 为所施加荷载)

6.2.2　轴心受压性能

接下来对具有不同形状骨料的混凝土轴心受压试件进行了数值模拟,得到的轴心受压强度见表 6‑10 所示,仍然以三个数值试件的平均值作为混凝土材料的轴心受压强度值。根据表中的 d_1 可以发现,数值结果与试验结果最大误差为 -14.3%,发生在粗骨料的 *Angularity* 为 1.23 的混凝土试件上,这是因为在试验试件中发现部分 *Angularity* 为 1.23 粗骨料发生了破坏,导致混凝土的受压强度增大。而在数值试件中,粗骨料被视为刚体单元,不发生破坏,因此与试验结果相比偏低。其他试件的数值结果与试验结果吻合较好,说明所建立的细观力学模型可用于分析骨料形状对混凝土轴心受压强度的影响。

表 6-10 具有不同 *AR* 及 *Angularity* 粗骨料的混凝土轴心受压强度数值结果

AR	Angul-arity	数值试件结果			试验均值	d_1	d_2	d_3
		轴心受压强度 f_c/MPa		均值				
1.00	1.00	2 064	28.77	24.68	24.70	26.28	−6.4%	0.0%	0.0%
1.25	1.00	18.92	22.99	18.72	20.21	21.43	−6.0%	−18.2%	−18.5%
1.50	1.00	19.56	19.20	20.89	19.88	19.52	1.8%	−19.5%	−25.7%
1.00	1.11	23.11	20.92	25.47	23.17	22.88	1.2%	−6.20%	−12.9%
1.00	1.23	19.71	21.77	19.65	20.38	23.28	−14.3%	−17.5%	−11.4%

备注:d_1=(数值均值−试验均值)/试验均值×100%;

d_2=(AR 及 *Angularity* 均为 1.00 的试件的数值均值−其他试件的数值均值)/AR 及 *Angularity* 均为 1.00 的试件的数值均值×100%;

d_3=(AR 及 *Angularity* 均为 1.00 的试件的试验均值−其他试件的试验均值)/AR 及 *Angularity* 均为 1.00 的试件的试验均值×100%。

另外,表 6-10 中数值及试验结果均表明,随着粗骨料轴长比 *AR* 或棱角性参数 *Angularity* 的增加,混凝土的轴心受压强度不断下降。其主要也是因为随着粗骨料 *AR* 或 *Angularity* 的增加,界面总长度增加,导致裂缝增多;另外,随着 *AR* 或 *Angularity* 的增大,粗骨料周边易产生应力集中,骨料抵抗周边变形的能力下降,因此混凝土的轴心受压强度降低。

数值计算所得的不同形状骨料的混凝土轴心受压应力-应变全过程曲线如图 6-12 所示。从图中可以看出,除了粗骨料的 *Angularity* 为 1.23 的混凝土试件之外,其余试件的数值结果与试验结果吻合较好。这说明所建立的细观力学模型能够用于分析粗骨料的轴长比 *AR* 或棱角性参数 *Angularity* 对混凝土力学轴压应力-应变关系的影响。

图 6-13 以相同单元划分、相同荷载作用下的混凝土数值试件为例,分别说明粗骨料轴长比 *AR* 及棱角性参数 *Angularity* 对混凝土在轴心受压作用下的裂缝发展过程的影响。首先,从图中可以看出,在相同位移荷载 *D* 作用下,随着粗骨料 *AR* 的增大,界面的裂缝越多越长,且越容易贯通形成主裂缝。例如,当位移 *D* 为 0.15 mm 时,相对粗骨料 *AR* 为 1.0 的试件[图 6-13(a)],粗骨料 *AR*

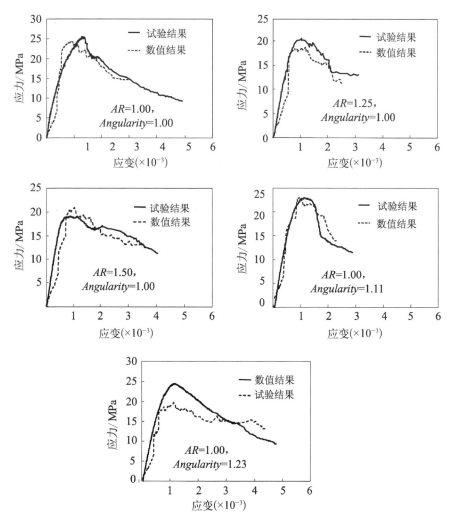

图 6 - 12 具有不同 *AR* 和 *Angularity* 粗骨料的混凝土
轴心受压试件应力-应变曲线数值模拟

为 1.5 的试件[图 6 - 13(c)]中主裂缝已基本形成,主要由界面裂缝连通而成,因此其轴心受压强度偏低。另一方面,从图中还可看出,随着粗骨料 *Angularity* 的增大,骨料周边的界面裂缝越多且裂缝长度越长,因此这些裂缝无须穿过更多砂浆即可连通,从而导致受压强度偏低。

表 6 - 11、表 6 - 12 分别列出了具有不同 *AR* 或 *Angularity* 粗骨料的混凝土试件的弹性模量和泊松比。从表中可以看出,弹性模量的试验结果与数值结果的误差介于 $-12.5\%\sim2.6\%$ 之间,而泊松比的误差介于 $-14.0\%\sim-2.6\%$ 之间,它们的平均误差的绝对值均小于 10%,可见数值模拟得到的结果基本能

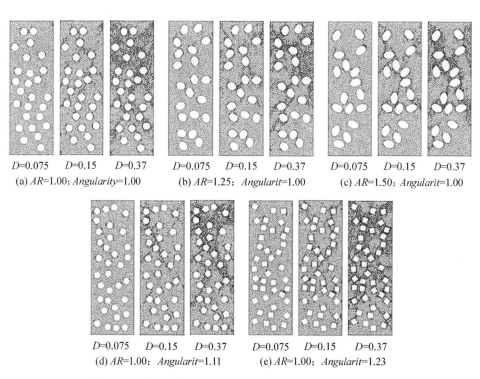

D=0.075　D=0.15　D=0.37
(a) AR=1.00；Angularity=1.00

D=0.075　D=0.15　D=0.37
(b) AR=1.25；Angularit=1.00

D=0.075　D=0.15　D=0.37
(c) AR=1.50；Angularit=1.00

D=0.075　D=0.15　D=0.37
(d) AR=1.00；Angularit=1.11

D=0.075　D=0.15　D=0.37
(e) AR=1.00；Angularit=1.23

图 6‑13　粗骨料 AR 或 Angularity 对混凝土轴心受压裂缝开展的影响(D 为所施加位移,单位：mm)

表 6‑11　具有不同 AR 或 Angularity 粗骨料的混凝土弹性模量数值结果

AR	Angul-arity	数值试件结果			试验均值	d_1	d_2	d_3
		弹性模量 E/MPa		均值				
1.00	1.00	29 011　29 049　33 303		30 454	32 842	−7.8%	0.0%	0.0%
1.25	1.00	29 165　32 146　28 762		30 656	34 482	−12.5%	5.0%	−1.4%
1.50	1.00	26 497　25 278　31 562		27 779	30 928	−11.3%	−5.8%	−8.8%
1.00	1.11	36 456　25 183　33 651		31 763	30 934	2.6%	−5.8%	−2.3%
1.00	1.23	27 917　25 816　24 330		26 867	29 760	−10.77%	−9.4%	−11.8%

备注：d_1=(数值均值−试验均值)/试验均值×100%；
　　　d_2=(其他试件的数值均值−AR 及 Angularity 均为 1.00 的试件的数值均值)/AR 及 Angularity 均为 1.00 的试件的数值均值×100%；
　　　d_3=(其他试件的试验均值−AR 及 Angularity 均为 1.00 的试件的试验均值)/AR 及 Angularity 均为 1.00 的试件的试验均值×100%。

表 6‑12　具有不同 *AR* 或 *Angularity* 粗骨料的混凝土泊松比数值结果

AR	Angul-arity	数值试件结果			试验均值	d_1	d_2	d_3
		弹性模量 E/MPa		均值				
1.00	1.00	0.196	0.192	0.216	0.201	0.215	−7.0%	0.0%	0.0%
1.25	1.00	0.162	0.204	0.198	0.188	0.214	−14.0%	−6.6%	−0.5%
1.50	1.00	0.198	0.185	0.205	0.203	0.206	−5.1%	−2.7%	−4.3%
1.00	1.11	0.212	0.266	0.196	0.211	0.220	−4.1%	5.0%	2.2%
1.00	1.23	0.191	0.182	0.205	0.193	0.198	−2.6%	−4.3%	−8.2%

备注：d_1＝(数值均值−试验均值)/试验均值×100%；
d_2＝(其他试件的数值均值−AR 及 Angularity 均为 1.00 的试件的数值均值)/AR 及 Angularity 均为 1.00 的试件的数值均值×100%；
d_3＝(其他试件的试验均值−AR 及 Angularity 均为 1.00 的试件的试验均值)/AR 及 Angularity 均为 1.00 的试件的试验均值×100%。

够反映骨料形状对混凝土弹性模量和泊松比的影响。

另外，从表 6‑11 中还可看出，随着骨料轴长比 *AR* 或棱角性参数 *Angularity* 的增加，混凝土的静力受压弹性模量出现了不同程度的下降。例如，当粗骨料轴长比 *AR* 增加 50% 时，混凝土的弹性模量下降 8.8%；而当粗骨料棱角性参数 *Angularity* 增加 23% 时，混凝土的弹性模量下降 11.8%。这是因为随着粗骨料轴长比 *AR* 或棱角性参数 *Angularity* 的增加，界面周长增加或应力集中现象更明显，导致粗骨料抵抗变形的能力下降。

6.3　考虑骨料级配的混凝土材料宏观力学性能的数值模拟分析

前两节的验证结果表明，可以利用建立的数值模型生成考虑骨料级配的混凝土试件，分析骨料表面粗糙度及骨料形状对混凝土力学性能的影响。

但是，由于劈裂抗拉数值计算采用力加载控制，试件破坏后无法继续加载，难以获得受拉应力‑应变曲线的下降段。而已有研究表明，所建立的细观力学模型可以很好地模拟混凝土的轴心受拉破坏过程，由于采用的是位移加载控制，因此可以获得完整的轴心受拉应力‑应变曲线。所以本节将通过轴心受拉试件来分析骨料表面粗糙度或骨料形状对混凝土受拉力学性能的影响。

Gu 等在文献[32]的混凝土试验中采用了富勒级配来选取骨料，通过级配曲线表达式确定了 5～10 mm、10～16 mm、16～20 mm 粒径范围内骨料各自的质量比 1.06：1.87：7.07。由此,根据式(3-14)—式(3-16),确定二维截面上圆形粗骨料的粒径和数量如表 6-13 所示。其他形状骨料的数量,根据粒径相同、面积相等的原则进行确定。

表 6-13　考虑骨料级配的混凝土数值试件二维
截面上的圆形粗骨料粒径及数量

试件用途	试件尺寸/mm	圆形粗骨料的粒径及数量		
		7.5 mm	13 mm	18 mm
轴心受拉	50×100	12	3	1
棱柱体受压	100×300	69	19	4
立方体受压	100×100	23	6	1

备注：利用 Walraven 公式所转换成二维试件中的骨料数量是对圆形骨料而言的,因此对于其他形状骨料的数量,本书将根据粒径相同、面积相等的原则进行确定。分析骨料表面粗糙度的影响时,直接使用圆形骨料的数量。而分析骨料形状的影响时,需确定其他骨料形状的数量。

数值计算时水泥砂浆的力学参数如表 6-3 所示,界面的力学性能参数如表 6-4 所示,而采用的计算参数及加载速率如表 6-2 所示。另外,轴心受拉的位移加载速率与已有研究相同,为 0.15 mm/s[32]。

6.3.1　骨料表面粗糙度对混凝土轴心受拉性能的影响

为与单一粒径骨料混凝土的数值结果进行比较,骨料表面粗糙度 R_a 分别设为 24.0 μm、48.3 μm 和 259.6 μm。另外,为避免骨料随机分布导致数值结果离散性太大,每种骨料表面粗糙度下均计算如图 6-14 所示的 6 个试件,对得到的抗拉强度取平均值作为数值模拟的结果。

图 6-14　考虑骨料级配的混凝土轴心受拉数值试件

具有不同表面粗糙度骨料的混凝土试件的轴心受拉结果列于表 6-14 中，可以看出，与单一粒径骨料混凝土相同，混凝土的轴心受拉强度随着骨料表面粗糙度的增加而提高，但提高的幅度逐渐降低。这是因为当骨料表面粗糙度大到一定程度后，界面的破坏取决于砂浆的抗拉强度，因此混凝土的轴拉强度不再受界面的影响，而受砂浆抗拉强度的控制，所以不再增大。

表 6-14　具有不同表面粗糙度骨料的混凝土试件轴心受拉数值结果

$R_a/$ μm	数值试件结果							提高幅度[a]
	轴心受拉强度 f_t/MPa						均值	
24.0	1.95	1.79	1.88	2.63	2.24	1.99	2.08	0.0%
48.3	2.66	2.52	2.79	3.06	2.93	2.89	2.81	35.0%
259.6	2.78	3.14	3.60	3.25	3.07	3.40	3.21	54.2%

备注：a—指 R_a 分别为 48.3 μm 和 259.6 μm 试件的轴拉强度均值相对 R_a 为 24.0 μm 试件均值的提高幅度。

图 6-15 为通过数值模拟得到的具有不同表面粗糙度骨料的混凝土直接拉伸试件的应力-应变曲线（每组取一个试件）。从图中可以看出，随着骨料表面粗糙度的增加，混凝土的抗拉强度提高，但受拉峰值应变的变化却不明显。这可能是因为，表面粗糙度的增加只是延缓了界面裂缝的开展，随着荷载的不断增大，这些裂缝依然不断扩展并最终导致混凝土破坏。所以骨料表面粗糙度对峰值应变的影响较小。

具有不同表面粗糙度骨料的混凝土轴拉试件的破坏形态如图 6-16 所示。可以看出，相同骨料分布的混凝土试件随着骨料表面粗糙度的不同，宏观裂缝并

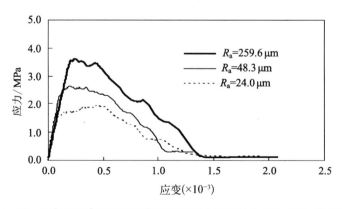

图 6-15　具有不同表面粗糙度骨料的混凝土试件轴心受拉应力-应变曲线

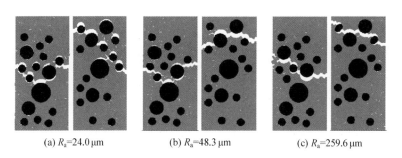

(a) R_a=24.0 μm　　　　(b) R_a=48.3 μm　　　　(c) R_a=259.6 μm

图 6‑16　具有不同表面粗糙度骨料的混凝土试件轴心受拉试件破坏形态

不相同。这说明骨料表面粗糙度对混凝土轴心受拉裂缝的开展有影响。

　　图 6‑17 以表面粗糙度为 48.3 μm 的混凝土试件为例说明混凝土轴心受拉试件的裂缝开展过程。从图中可以看出,在 67% 峰值应变之前,仅在个别粗骨料周边出现了界面受拉裂缝(红色圆点),砂浆中未有裂缝,此时混凝土几乎处于均匀受力状态;随着应变继续增加,裂缝逐渐增多,并一般在最大粒径骨料周边扩展;在峰值应变时,应力-应变曲线的切线呈水平,但裂缝未贯通,试件并没有完全开裂;峰值应变后,荷载迅速下降,裂缝开始在砂浆中扩展;至 2 倍的峰值应变后,骨料之间的水泥砂浆单元发生受拉破坏(红色圆点),此时裂缝贯通,宏观裂缝出现,荷载缓慢下降,曲线趋于平缓。当裂缝逐渐贯通时,截面中央由于还有未开裂的区域和骨料的咬合作用,试件的残余承载力仍有峰值荷载的 10% 左右(图 6‑15)。数值模拟发现的混凝土受拉全过程与试验基本吻合[136]。

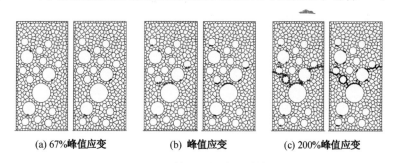

(a) 67%峰值应变　　　　(b) 峰值应变　　　　(c) 200%峰值应变

图 6‑17　混凝土轴心受拉试件裂缝开展过程

　　图 6‑18 以具有相同单元划分,相同骨料位置分布及相同荷载作用的试件为例,说明骨料表面粗糙度对混凝土轴心受拉试件裂缝开展过程的影响。从图中可以看出,在相同荷载作用下,界面裂缝的数量随着骨料表面粗糙度的增加而减少;随着荷载的增加,裂缝沿初始裂缝位置进行扩展,从而影响了裂缝的扩展路径,最终导致试件的宏观裂缝不同。

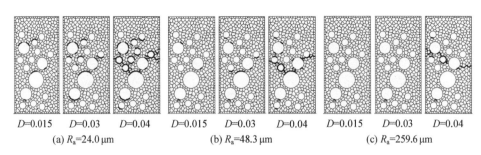

$D=0.015$ $D=0.03$ $D=0.04$ $D=0.015$ $D=0.03$ $D=0.04$ $D=0.015$ $D=0.03$ $D=0.04$

(a) $R_a=24.0\,\mu m$ (b) $R_a=48.3\,\mu m$ (c) $R_a=259.6\,\mu m$

图 6-18 骨料表面粗糙度对混凝土轴心受拉试件裂缝开展的
影响(D 为所施加位移,单位: mm)

6.3.2 骨料表面粗糙度对混凝土轴心受压性能的影响

通过数值力学模型还生成了如图 6-19 所示的 6 个轴心受压试件,以分析骨料表面粗糙度对考虑骨料级配的混凝土轴心受压性能的影响。

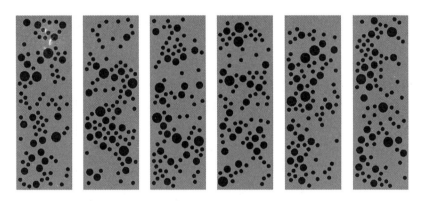

图 6-19 考虑骨料级配的混凝土轴心受压数值试件

计算所得的混凝土轴心受压强度列于表 6-15 中。图 6-20 为数值模拟得到的混凝土轴心受压试件的应力-应变全过程曲线,其中应变选取试件中间段截面(图 6-5 中 C 段)上的平均应变。可以看出,混凝土的轴心受压强度随着骨料表面粗糙度的增加而增大,原因同 6.1.2 节。

图 6-21 以 R_a 为 48.3 μm 的一个试件为例,显示了混凝土轴心受压试件的裂缝发展过程。可以看出,在 33% 的峰值荷载之前,单元破坏很少,与单一粒径不同的是,裂缝仅在较大粒径骨料或者骨料密集的位置出现界面破坏;随着荷载的增加,裂缝数量逐渐增多,且水泥砂浆以受拉破坏为主,而界面则以拉剪破坏居多。当荷载增加到 67% 的峰值荷载时,裂缝的数量及长度急剧增长,且开展

表 6-15　具有不同表面粗糙度骨料的混凝土试件轴心受压强度数值结果

R_a/ μm	数值试件结果							提高幅度[a]
	轴心受压强度 f_t/MPa						均值	
24.0	22.58	20.54	20.06	22.02	20.30	23.79	21.55	0.00%
48.3	29.69	29.21	28.03	27.24	31.39	28.31	28.98	34.5%
259.6	35.18	33.03	29.93	33.49	33.38	38.24	33.88	57.2%

备注：a—指 R_a 分别为 48.3 μm 和 259.6 μm 试件的轴压强度均值相对 R_a 为 24.0 μm 试件均值的提高幅度。

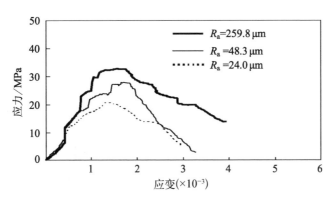

图 6-20　具有不同表面粗糙度骨料的混凝土轴心受压试件应力-应变曲线

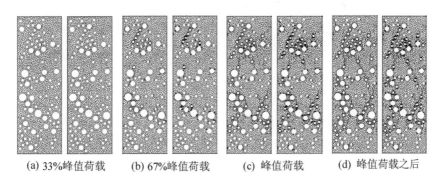

(a) 33%峰值荷载　　(b) 67%峰值荷载　　(c) 峰值荷载　　(d) 峰值荷载之后

图 6-21　混凝土轴心受压试件裂缝开展过程

速度加快。峰值荷载时,平行于裂缝方向的裂缝相互贯通,试件即将破坏。峰值荷载之后,裂缝继续扩展并贯通,直至试件完全失去承载能力。

骨料表面粗糙度对混凝土轴心受压试件裂缝开展及破坏形态的影响如图 6-22 所示。同样可以看出,随着骨料表面粗糙度的增加,在相同单元划分、相同骨料分布位置及相同的荷载作用下,由于骨料表面粗糙度的增大增强了界面粘结性能,因此试件内部的裂缝数量随着骨料表面粗糙度的增加而减少;随着荷载的增加,后期裂缝沿着初始裂缝不断扩展,因此骨料表面粗糙度也会影响数值试件最终的破坏形态。

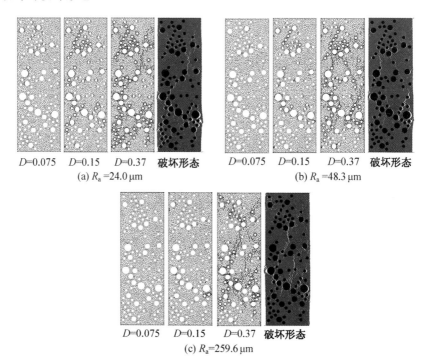

(a) R_a =24.0 μm　　　　　　　　　　　(b) R_a =48.3 μm

(c) R_a =259.6 μm

图 6‑22　骨料表面粗糙度对混凝土轴心受压试件裂缝开展的影响(D 为所施加位移,单位: mm)

6.3.3　骨料形状对混凝土轴心受拉性能的影响

同样,为分析骨料形状的影响,设计了具有不同形状骨料且考虑骨料级配的混凝土轴心受拉数值试件如图 6‑23(a)所示。骨料 AR 和 $Angularity$ 均为 1.00 的试件中,骨料的粒径和级配如表 6‑13 所示,然后根据相同粒径骨料的面积相等原则确定其他 AR 或 $Angularity$ 的试件中各粒径的骨料含量。每个数值试件中所有骨料的 AR 及 $Angularity$ 均相同。另外,为避免骨料位置分布对数值结果的影响,每组包含 6 个试件,并以它们的平均值作为混凝土的数值结果。

数值计算得到的混凝土轴心受拉强度如表 6‑16 所示,从表中可以看出,与单一级配混凝土相同,混凝土轴心受拉强度随着骨料轴长比 AR 或棱角性

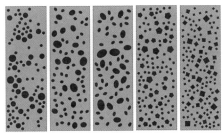

(a) 轴心受拉试件　　　　　　　(b) 轴心受拉试件

图 6‑23　考虑骨料级配的混凝土数值试件

参数 *Angularity* 的增大而降低。同理,这也是由于骨料的 *AR* 或 *Angularity* 的增加使界面的长度增长,产生的裂缝增多且更易连通,最终导致混凝土轴心抗拉强度下降。

表 6‑16　具有不同 *AR* 或 *Angularity* 粗骨料的混凝土轴心受拉强度数值结果

AR	*Angularity*	轴心受拉强度 f_t/MPa						均值	降低幅度[a]
1.00	1.00	2.66	2.52	2.79	3.06	2.93	2.89	2.81	0.0%
1.25	1.00	2.57	2.26	2.71	2.75	2.71	2.64	2.61	−7.2%
1.50	1.00	2.48	2.09	2.38	2.19	2.62	2.41	2.36	−15.9%
1.00	1.11	2.42	2.65	2.47	2.28	3.10	2.35	2.55	−9.4%
1.00	1.23	2.52	2.13	2.19	2.79	2.49	2.36	2.41	−14.1%

备注：a—指其他骨料试件的轴拉强度均值相对于 *AR* 和 *Angularity* 均为 1.00 的试件均值的降低幅度。

　　具有不同骨料轴长比 *AR* 或棱角性参数 *Angularity* 的混凝土的轴心受拉应力‑应变全曲线分别如图 6‑24 和图 6‑25 所示。从图中可以看出,随着骨料轴长比 *AR* 或棱角性参数 *Angularity* 的增加,混凝土的轴心受拉峰值应力不断增大,但峰值应变却有所减小。

　　图 6‑26 以相同单元划分、相同荷载作用下的混凝土轴心受拉试件为例,说明骨料轴长比 *AR* 或棱角性参数 *Angularity* 对混凝土中裂缝开展过程的影响。从图 6‑26(a)中可以看出,在相同位移荷载作用下,随着 *AR* 或 *Angularity* 的增加,大粒径粗骨料周边的界面裂缝数量明显增多,且裂缝长度也增大。随着荷载增加,这些裂缝更容易连接并贯通,最终导致试件破坏,因此相应的混凝土试

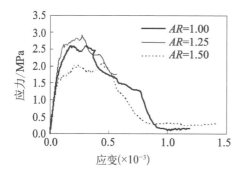

图 6‐24 粗骨料的轴长比 *AR* 对混凝土轴心受拉试件应力‐应变曲线的影响

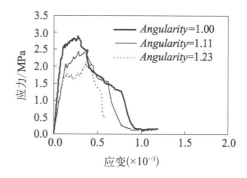

图 6‐25 粗骨料的棱角性参数 *Angularity* 对混凝土轴心受拉试件应力‐应变曲线的影响

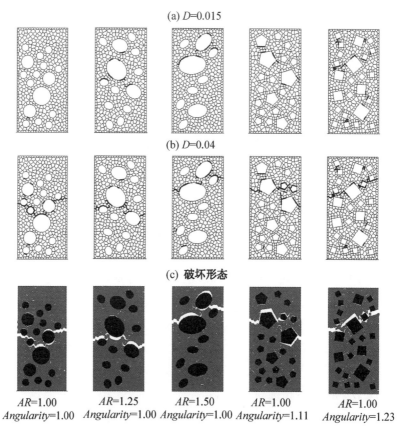

图 6‐26 粗骨料的 *AR* 和 *Angularity* 对混凝土轴心受拉试件裂缝开展的影响(*D* 为所施加位移,单位: mm)

件的轴心受拉强度下降。

　　具有不同 *AR* 或 *Angularity* 骨料的混凝土轴心受拉试件的破坏形态如图 6-26(c)所示。从图中可以看出试件的破坏裂缝至少都穿过一个大粒径骨料，且主要由于水泥砂浆与大粒径骨料之间的界面粘结破坏引起,这与试验所得结果描述相同[105]。

　　但是由于骨料形状不同,难以保证骨料的分布位置相同。例如,在试件的某一横截面上可以分布三颗圆形骨料[图 6-27(a)],但却排不下 *AR* 较大的骨料[图 6-27(b)],此时只能移动骨料[图 6-27(c)],因此骨料的分布位置也就不尽相同了。所以上述试件的裂缝开展方向除了骨料形状的影响,还受到了粗骨料(特别是最大粒径的粗骨料)分布位置的影响。

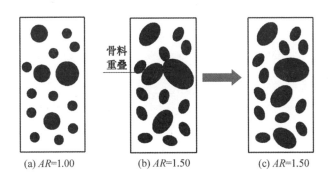

(a) *AR*=1.00　　　　　(b) *AR*=1.50　　　　　(c) *AR*=1.50

图 6-27　不同形状骨料的分布位置示意图

6.3.4　骨料形状对混凝土轴心受压性能的影响

　　考虑骨料级配的混凝土受压试件如图 6-23(b)所示,每种形状骨料计算六个试件,最后取平均值作为混凝土材料的轴心受压强度。

　　数值计算结果列于表 6-17 中。粗骨料轴长比 *AR* 和棱角性参数 *Angularity* 对混凝土轴心受压应力-应变曲线的影响分别如图 6-28 和图 6-29 所示。可以看出,与单一级配混凝土相同,混凝土的轴心受压强度随着骨料轴长比 *AR* 或棱角性参数 *Angularity* 的增大而降低。除了界面长度增大之外,骨料周边应力集中现象更加明显,也是 *AR* 或 *Angularity* 增大而导致的结果,这两个原因使得混凝土材料的轴心抗压强度降低。值得注意的是,以上结论是骨料不发生破坏的情况下得出的。

表 6 - 17　具有不同 *AR* 或 *Angularity* 粗骨料的混凝土
轴心受压强度数值模拟结果

AR	*Angularity*	轴心受压强度 f_c/MPa						均值	降低幅度[a]
1.00	1.00	29.69	29.22	28.03	27.24	31.39	28.31	28.98	0.0%
1.25	1.00	24.26	28.27	26.70	26.41	26.90	27.35	26.65	−8.0%
1.50	1.00	21.37	25.52	22.74	21.11	23.14	23.03	22.82	−21.3%
1.00	1.11	27.44	28.55	25.21	25.96	26.22	24.58	26.33	−9.2%
1.00	1.23	22.05	26.27	21.76	21.86	21.22	23.12	22.71	−21.6%

备注：a—指其他骨料试件的轴压强度均值相对于 *AR* 和 *Angularity* 均为 1.00 的试件均值的降低幅度。

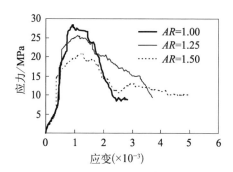

图 6 - 28　粗骨料的轴长比 *AR*
对混凝土轴心受压应
力-应变曲线的影响

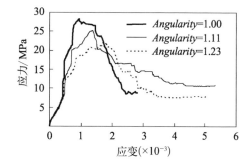

图 6 - 29　粗骨料的棱角性参数 *Angularity*
对混凝土轴心受压应力-应变曲
线的影响

另一方面，从表 6 - 17 中还可看出，相对于粗骨料的轴长比 *AR*，棱角性参数 *Angularity* 对混凝土轴心受压强度的不利影响更加明显。例如，粗骨料轴长比 *AR* 增加 25% 时，混凝土的轴心受压强度降低了 8.0%；而粗骨料棱角性参数增加到 23% 时，混凝土的轴心受压强度就已降低了 21.6%。

图 6 - 30 以相同网格划分、相同荷载作用下的试件为例，说明粗骨料轴长比 *AR* 或棱角性参数 *Angularity* 对轴心受压试件裂缝开展的影响。可以看出，在加载初期（*D*=0.15 时），试件中的裂缝以界面裂缝为主，裂缝的数量随着骨料 *AR* 或 *Angularity* 的增大而增加，且裂缝长度明显增长，如图 6 - 30(c) 中的一些骨料周边的界面几乎全部开裂；随着荷载的增加，骨料 *AR* 或 *Angularity* 较大的试件中裂缝更容易连接并形成通缝，如荷载 *D*=0.37 时，骨料 *Angularity* 为 1.23 的试件中已经形成了通缝[图 6 - 30(e)]。

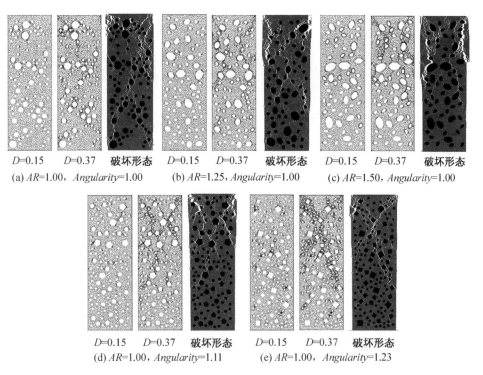

D=0.15　D=0.37　破坏形态　　D=0.15　D=0.37　破坏形态　　D=0.15　D=0.37　破坏形态
(a) *AR*=1.00，*Angularity*=1.00　　(b) *AR*=1.25，*Angularity*=1.00　　(c) *AR*=1.50，*Angularity*=1.00

D=0.15　D=0.37　破坏形态　　D=0.15　D=0.37　破坏形态
(d) *AR*=1.00，*Angularity*=1.11　　(e) *AR*=1.00，*Angularity*=1.23

**图 6‑30　粗骨料 *AR* 或 *Angularity* 对混凝土轴心受压裂缝
开展的影响(*D* 为所施加位移,单位:mm)**

6.4　骨料表面粗糙度的不均匀性对混凝土
材料宏观力学性能的影响

从第 2.3 节的试验研究中发现,花岗岩碎石粗骨料的表面粗糙度服从 X～N(446.7,19 431.2)的正态分布。因此,基于蒙特卡罗法和式(5‑7),模型中实现了骨料表面粗糙度服从正态分布的粗骨料的随机生成。为研究骨料表面粗糙度的不均匀性对混凝土力学性能的影响,获得统计规律,利用开发的数值模型分别生成了 100 个具有不同骨料表面粗糙度的混凝土轴心受拉及受压试件,试件中骨料的粒径和数量见表 6‑13 所示。这也保证了本书的数值结果可与文献[32]中的结果进行对比,因为二者所计算的混凝土中粗骨料的粒径及含量完全相同。

为避免其他因素的影响,试件中骨料形状及骨料分布位置完全一致(图 6‑31),计算时的材料参数和计算参数也相同,分别见表 6‑3 和表 6‑2 所示。

受拉试件

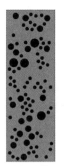

受压试件

图 6 - 31　骨料表面粗糙度不均匀试件的数值模型

通过数值计算,混凝土试件的轴心受拉强度、轴心受压强度、弹性模量及泊松比的统计结果如表 6 - 18 所示,各试件的具体计算结果分别列于表 6 - 19—表 6 - 22 中。

表 6 - 18　100 个骨料表面粗糙度不均匀试件的数值结果统计分析

力学性能指标	最小值	最大值	平均值	标准差 σ	变异系数
轴心受拉强度	2.45	3.57	3.10	0.24	7.8%
轴心受压强度	24.20	40.80	35.04	2.16	6.2%
弹性模量	35 084	42 787	38 833	1 545	4.0%
泊松比	0.168	0.241	0.211	0.016	7.6%

表 6 - 19　骨料表面粗糙度不均匀试件的轴心受拉强度数值模拟结果(MPa)

2.45	2.78	2.91	3.08	3.09	3.15	3.16	3.18	3.29	3.42
2.49	2.78	2.91	3.08	3.09	3.15	3.16	3.19	3.32	3.46
2.61	2.78	2.91	3.08	3.1	3.15	3.17	3.2	3.32	3.47
2.61	2.81	2.93	3.08	3.11	3.15	3.17	3.2	3.37	3.47
2.66	2.85	2.93	3.08	3.12	3.15	3.17	3.2	3.39	3.47
2.66	2.85	2.96	3.08	3.12	3.16	3.17	3.21	3.4	3.47
2.67	2.85	2.97	3.08	3.12	3.16	3.17	3.23	3.41	3.52
2.7	2.87	3.02	3.08	3.14	3.16	3.17	3.23	3.41	3.52
2.7	2.88	3.02	3.09	3.15	3.16	3.17	3.23	3.41	3.57
2.72	2.89	3.08	3.09	3.15	3.16	3.17	3.23	3.41	3.57

表 6-20　骨料表面粗糙度不均匀试件的轴心受压强度数值模拟结果(MPa)

24.15	32.73	33.52	34.17	34.6	34.9	35.31	35.78	36.46	37.98
31.40	32.78	33.55	34.21	34.62	34.92	35.36	35.78	36.56	38.24
31.40	32.96	33.57	34.22	34.69	34.93	35.39	35.91	36.56	38.43
32.04	32.96	33.61	34.23	34.69	35.07	35.41	35.93	36.64	38.70
32.17	33.00	33.74	34.26	34.69	35.15	35.41	35.96	36.80	38.75
32.33	33.12	33.75	34.29	34.71	35.16	35.47	36.08	36.80	38.88
32.53	33.31	33.80	34.29	34.8	35.18	35.59	36.17	36.99	38.98
32.58	33.38	33.82	34.38	34.81	35.27	35.66	36.18	37.45	39.24
37.72	33.40	33.85	34.41	34.84	35.28	35.77	36.27	37.67	39.32
32.72	33.49	33.97	34.45	34.85	35.30	35.77	36.45	37.94	40.80

表 6-21　骨料表面粗糙度不均匀试件的弹性模量数值模拟结果(MPa)

35 084	37 096	37 149	38 343	38 910	38 920	39 522	39 526	40 197	40 493
35 285	37 115	37 493	38 347	38 913	38 920	39 523	39 526	40 197	40 958
35 449	37 115	37 493	38 362	38 915	38 920	39 523	39 526	40 198	40 965
35 449	37 115	37 493	38 362	38 915	38 920	39 523	39 526	40 198	40 967
35 468	37 119	37 493	38 362	38 915	38 920	39 523	39 526	40 198	40 969
35 706	37 145	37 886	38 362	38 919	39 498	39 526	39 526	40 198	41 786
36 553	37 145	37 923	38 617	38 919	39 520	39 526	39 526	40 198	41 786
36 557	37 145	37 928	38 880	38 920	39 520	39 526	40 188	40 198	41 786
36 783	37 149	37 923	38 903	38 920	39 520	39 526	40 189	40 198	41 786
37 028	37 149	38 318	38 910	38 920	39 522	39 526	40 189	40 198	42 787

表 6-22　骨料表面粗糙度不均匀试件的泊松比数值模拟结果

0.168	0.192	0.203	0.206	0.209	0.212	0.214	0.217	0.223	0.23
0.168	0.193	0.205	0.206	0.209	0.212	0.215	0.217	0.224	0.231
0.168	0.195	0.205	0.207	0.21	0.212	0.215	0.218	0.225	0.232
0.169	0.195	0.205	0.207	0.21	0.213	0.215	0.219	0.225	0.232
0.171	0.196	0.205	0.207	0.211	0.213	0.215	0.22	0.225	0.233
0.189	0.197	0.205	0.208	0.211	0.213	0.215	0.221	0.225	0.233
0.19	0.198	0.206	0.208	0.211	0.213	0.216	0.221	0.226	0.235

0.19	0.199	0.206	0.209	0.212	0.213	0.217	0.222	0.226	0.241
0.191	0.199	0.206	0.209	0.212	0.214	0.217	0.222	0.227	0.245
0.192	0.2	0.206	0.209	0.212	0.214	0.217	0.223	0.23	0.271

　　从表中可以看出,数值模拟得到的混凝土各项力学性能指标的变异系数介于
4.0%～7.8%之间。由于数值模拟时假设混凝土中无初始缺陷、细观材料强度均
匀、骨料分布位置相同,且采用的计算参数、材料参数等完全一致,因此排除由于网
格划分可能导致的细微影响后,数值结果的差异绝大部分都是由骨料表面粗糙度
的不均匀性引起的,说明粗骨料的表面粗糙度对混凝土力学性能的影响不可忽视。

　　混凝土各项力学性能指标的柱状分布图分别如图 6-32(a)—(d)所示,可以
发现各参数可能服从正态分布。因此假设各项力学性能指标 X 服从正态分布
$H_0: X \sim N(\mu, \sigma^2)$。分别对各项力学性指标进行显著性水平 $\alpha = 0.05$ 下的正态
分布检验,结果见表 6-23 所示。从表 6-23 和图 6-32 中可以发现,混凝土的
轴心受拉强度、轴心受压强度、弹性模量及泊松比均服从正态分布。各项力学性
能指标的概率密度分布函数分别如图 6-32(a)—(d)所示。

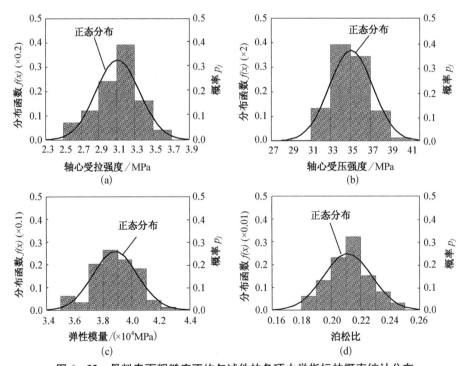

图 6-32　骨料表面粗糙度不均匀试件的各项力学指标的概率统计分布

表 6-23　骨料表面粗糙度不均匀试件各项力学性能指标的 χ^2 检验结果

力学性能指标	样本分区数量 n	样本观测值 χ^2	临界值 $\chi^2_{0.95}$	接受或拒绝 H_0
轴心受拉强度	6	6.39	7.32	接受
轴心受压强度	9	10.99	12.59	接受
弹性模量	8	11.07	7.88	接受
泊松比	7	9.49	4.86	接受

6.5　骨料轴长比的不一致性对混凝土材料宏观力学性能的影响

第 4.2.4 节的试验结果表明,花岗岩碎石粗骨料的轴长比 AR 服从对数正态分布:$X \sim LN(0.293, 0.028)$。为获得骨料轴长比的不一致性对混凝土材料宏观力学随机性的影响,并获得统计规律,利用所开发的模型分别对 100 个轴心受拉及轴心受压数值试件进行了计算,每个数值试件中粗骨料的轴长比 AR 按照上述对数正态分布规律随机生成,因此同一试件中各骨料的轴长比 AR 不尽相同,不同试件中相同粒径的粗骨料的轴长比 AR 也不尽相同。图 6-33 及图 6-34 中显示了部分轴心受拉及受压试件,试件中骨料的粒径及含量见表 6-13 所示。

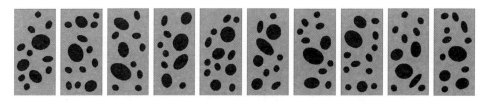

图 6-33　骨料轴长比不一致轴拉试件的数值模型(为节约篇幅仅列出 10 个)

为避免其他因素的影响,试件中粗骨料的棱角性参数 $Angularity$ 均为 1.0,骨料表面粗糙度均设为 48.3 μm,计算时的水泥砂浆力学参数、界面力学参数和计算参数完全一致,分别见表 6-3、表 6-4 和表 6-2 所示。需要说明的是,由于无法保证骨料分布位置相同(如图 6-27 所示),因此本节所得的结论除了粗骨料轴长比的影响之外,还会受到骨料随机分布的影响。

通过数值计算,100 个混凝土试件的轴心受拉强度、轴心受压强度、弹性模

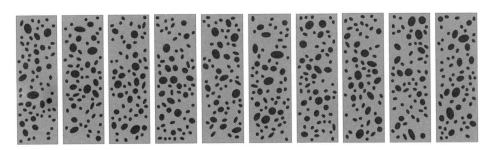

图 6-34　骨料轴长比不一致轴压试件的数值模型(节约篇幅仅列出 10 个)

量及泊松比的统计结果如表 6-24 所示,各试件的具体计算结果分别列于表 6-25—表 6-28 中。另外,在相同的骨料级配下,文献[32]已研究了骨料随机分布对混凝土力学变异性的影响,并获得了混凝土各项力学性能指标因骨料随机分布而产生的变异系数,如表 6-24 所示。比较发现,因骨料轴长比不一致和骨料随机分布共同导致的混凝土各项力学性能指标的变异系数均超过 10%,明显超过因骨料随机分布而产生的变异系数,说明粗骨料轴长比的不一致性也是导致混凝土材料宏观力学随机性的重要因素。

表 6-24　100 个骨料轴长比不一致试件的数值结果统计分析

力学性能指标	最小值	最大值	平均值	标准差	变异系数	变异系数[a][32]
轴心受拉强度	1.61	3.60	2.69	0.41	15.1%	5.0%
轴心受压强度	15.58	36.24	25.03	4.50	18.0%	8.5%
弹性模量	16 267	47 741	31 240	5 765	18.5%	7.6%
泊松比	0.147	0.263	0.200	0.020	10.0%	8.7%

备注:a—因骨料随机分布而产生的变异系数[32]。

表 6-25　骨料轴长比不一致试件的轴心受拉强度数值模拟结果(MPa)

1.61	2.22	2.37	2.48	2.59	2.71	2.85	2.94	3.05	3.20
1.67	2.26	2.38	2.48	2.60	2.71	2.87	2.98	3.05	3.22
1.82	2.26	2.38	2.48	2.62	2.72	2.87	2.98	3.06	3.25
1.85	2.26	2.40	2.49	2.63	2.76	2.87	2.98	3.08	3.26
1.97	2.27	2.40	2.49	2.63	2.77	2.89	2.98	3.08	3.35
1.97	2.27	2.44	2.52	2.63	2.78	2.89	2.99	3.10	3.36

1.97	2.29	2.44	2.52	2.65	2.80	2.90	3.00	3.12	3.39
2.07	2.32	2.47	2.54	2.66	2.83	2.90	3.00	3.16	3.42
2.20	2.34	2.47	2.54	2.67	2.84	2.93	3.00	3.17	3.59
2.22	2.36	2.48	2.57	2.69	2.84	2.94	3.01	3.03	3.60

表 6‑26　骨料轴长比不一致试件的轴心受压强度数值模拟结果(MPa)

15.58	19.54	21.24	22.65	23.89	24.96	26.26	26.76	28.48	31.47
17.09	19.80	21.24	22.90	23.89	24.97	26.27	26.82	29.19	31.75
17.86	20.21	21.40	22.96	23.99	25.03	26.32	27.00	29.20	31.99
17.89	20.21	21.54	23.02	24.00	25.08	26.36	27.44	29.98	32.37
18.43	20.23	21.68	23.20	24.11	25.39	26.52	27.45	30.09	32.42
18.54	20.26	21.70	23.25	24.17	25.69	26.57	27.76	30.82	33.15
18.79	20.27	21.70	23.30	24.18	25.73	26.64	27.87	30.97	33.44
18.99	21.11	21.81	23.38	24.45	25.83	26.72	28.03	30.98	33.59
19.47	21.13	22.02	23.55	24.50	25.99	26.75	28.14	31.02	32.66
19.48	21.24	22.40	23.56	24.52	26.09	26.76	28.24	31.45	36.24

表 6‑27　骨料轴长比不一致试件的弹性模量数值模拟结果(MPa)

16 267	24 434	26 058	28 303	29 720	31 364	33 655	34 622	36 368	38 842
17 348	24 518	26 251	28 369	29 878	31 493	33 655	34 689	36 420	38 952
19 259	24 528	26 431	28 413	29 979	31 596	33 657	34 898	36 421	39 077
20 760	24 596	26 578	28 571	30 310	32 444	33 705	35 177	36 484	39 730
21 981	24 973	26 593	28 749	30 462	32 449	33 799	35 303	36 910	39 787
23 432	25 028	26 669	28 932	30 556	32 611	33 804	35 365	37 166	40 136
23 479	25 089	26 900	29 123	30 796	32 699	33 908	35 610	37 800	40 209
23 743	25 770	26 912	29 138	31 102	33 105	34 124	35 757	38 040	41 486
23 840	25 918	27 630	29 158	31 173	32 849	34 339	35 904	38 452	43 249
23 992	25 980	27 973	29 358	31 258	32 910	34 441	35 993	38 530	47 741

表 6‑28　骨料轴长比不一致试件的泊松比数值模拟结果

0.147	0.177	0.188	0.194	0.199	0.201	0.203	0.208	0.213	0.227
0.150	0.178	0.188	0.194	0.199	0.201	0.203	0.209	0.213	0.227
0.161	0.180	0.190	0.194	0.200	0.201	0.204	0.209	0.214	0.228
0.162	0.181	0.190	0.194	0.200	0.201	0.204	0.210	0.214	0.232
0.166	0.182	0.191	0.197	0.200	0.202	0.205	0.211	0.215	0.233
0.170	0.184	0.192	0.197	0.200	0.202	0.205	0.211	0.215	0.237
0.171	0.185	0.192	0.197	0.200	0.202	0.206	0.211	0.216	0.246
0.172	0.186	0.192	0.198	0.200	0.202	0.207	0.211	0.217	0.255
0.173	0.186	0.193	0.198	0.201	0.202	0.207	0.212	0.220	0.257
0.174	0.188	0.193	0.198	0.201	0.202	0.208	0.213	0.221	0.263

　　混凝土各项力学性能指标的柱状分布图分别如图 6‑35(a)—(d)所示。可以发现各参数可能服从正态分布。因此假设各项力学性能指标 X 服从正态分布 $H_0: X \sim N(\mu, \sigma^2)$。分别对各项力学性指标进行显著性水平 $\alpha = 0.05$ 下的正

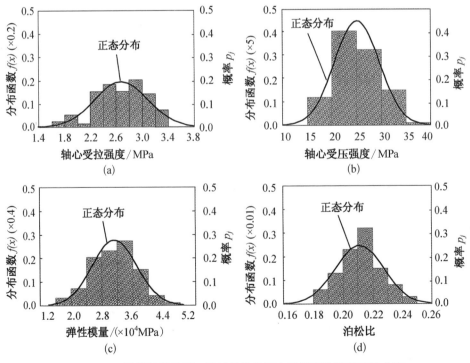

图 6‑35　骨料轴长比不一致试件的各项力学指标的概率统计分布

态分布检验,结果见表 6-29 所示。可以发现,混凝土的轴心受拉强度、轴心受压强度、弹性模量及泊松比同样均服从正态分布,各项力学性能指标的概率密度分布函数分别如图 6-35(a)—(d)所示。

表 6-29 骨料轴长比不一致试件各项力学性能指标的 χ^2 检验结果

力学性能指标	样本分区数量 n	样本观测值 χ^2	临界值 $\chi^2_{0.95}$	接受或拒绝 H_0
轴心受拉强度	10	12.09	14.07	接受
轴心受压强度	5	5.99	18.1	接受
弹性模量	8	11.07	10.94	接受
泊松比	7	4.86	9.49	接受

6.6 骨料棱角性参数的不一致性对混凝土材料宏观力学性能的影响

第 4.2.4 节所得试验结果表明,花岗岩碎石骨料的棱角性参数 *Angularity* 服从正态分布:X~N(1.137,0.001)。但在保证骨料轴长比 *AR* 相同的情况下,本书所开发的数值模型尚不能生成具有任意棱角性参数 *Angularity* 的多边形骨料,这也有待后期的进一步研究。

数值模型采用具有不同边数的正多边形作为粗骨料,以保证这些骨料具有相同的轴长比 *AR* 及不同的棱角性参数 *Angularity*,并以此研究粗骨料的棱角性对混凝土材料宏观力学性能的影响。

根据第 4.2.4 节所得试验结果,花岗岩碎石骨料的棱角性参数 *Angularity* 介于 1.06~1.26 之间,分别近似于正八边形(*Angularity*=1.04)及正四边形骨料(*Angularity*=1.23)的棱角性参数值。因此,模型中假设正多边形的边数 X 服从(4,8)上的均匀分布,通过随机产生的骨料边数,生成具有不同棱角性参数的粗骨料,并以此初步探讨棱角性参数 *Angularity* 对混凝土材料宏观力学随机性的影响。为获得统计规律,利用所开发的模型分别对 100 个轴心受拉及轴心受压数值试件进行了计算。图 6-36 及图 6-37 中显示了部分轴心受拉及受压试件。

为避免其他因素的影响,试件中粗骨料的轴长比 *AR* 均为 1.00,骨料表面粗

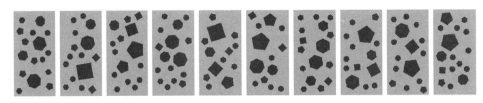

图 6‑36　骨料棱角性不一致轴拉试件的数值模型(节约篇幅仅列出 10 个)

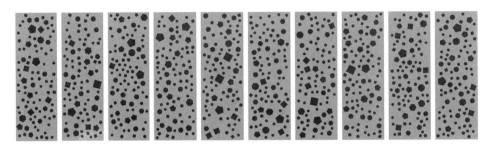

图 6‑37　骨料棱角性不一致轴压试件的数值模型(节约篇幅仅列出 10 个)

糙度均设为 48.3 μm,计算时的水泥砂浆力学参数、界面力学参数和计算参数完全一致,分别见表 6‑3、表 6‑4 和表 6‑2 所示。另外,由于无法保证骨料分布位置相同(如图 6‑27 所示),因此本节所得的结论除了粗骨料棱角性的影响之外,还包括骨料随机分布的影响。

　　通过数值计算,100 个混凝土试件的轴心受拉强度、轴心受压强度、弹性模量及泊松比的统计结果如表 6‑30 所示,各试件的具体计算结果分别列于表6‑31—表 6‑34 中。从表 6‑30 中可以看出,因骨料棱角性不一致和骨料随机分布共同导致的混凝土各项力学性能指标的变异系数介于 14.2%~20.0%之间,均超过单独由骨料随机分布而产生的变异系数[32],说明粗骨料的棱角性参数的不均匀性对混凝土材料宏观力学性能有较大影响。

表 6‑30　100 个骨料棱角性不一致试件的数值结果统计分析

力学性能指标	最小值	最大值	平均值	标准差	变异系数	变异系数[a]
轴心受拉强度	1.42	3.32	2.47	0.42	17.0%	5.0%
轴心受压强度	19.20	39.57	28.62	5.02	17.5%	8.5%
弹性模量	18 796	44 341	28 921	5 786	20.0%	7.6%
泊松比	0.134	0.294	0.202	0.029	14.2%	8.7%

备注:a—因骨料随机分布而产生的变异系数[32]。

表 6-31　骨料棱角性不一致试件的轴心受拉强度数值模拟结果(MPa)

1.42	1.96	2.13	2.28	2.35	2.48	2.61	2.75	2.86	3.01
1.49	1.97	2.16	2.29	2.37	2.51	2.63	2.76	2.88	3.04
1.63	1.98	2.16	2.3	2.37	2.52	2.63	2.76	2.89	3.05
1.64	2.02	2.16	2.3	2.38	2.53	2.66	2.76	2.9	3.12
1.72	2.06	2.17	2.31	2.39	2.53	2.68	2.76	2.94	3.15
1.73	2.08	2.2	2.32	2.39	2.55	2.68	2.77	2.94	3.19
1.79	2.09	2.21	2.32	2.39	2.55	2.71	2.79	2.95	3.22
1.84	2.09	2.25	2.33	2.4	2.56	2.73	2.85	2.97	3.23
1.85	2.12	2.26	2.34	2.42	2.58	2.75	2.86	2.98	3.31
1.96	2.12	2.28	2.35	2.43	2.6	2.75	2.86	3	3.32

表 6-32　骨料棱角性不一致试件的轴心受压强度数值模拟结果(MPa)

19.20	22.55	24.55	25.40	26.43	27.78	30.25	31.29	33.45	36.23
19.26	22.75	24.73	25.73	26.43	28.02	30.42	31.31	33.47	36.23
19.63	22.62	24.94	25.80	26.48	28.21	30.45	31.66	33.50	36.60
19.72	23.66	25.03	25.89	26.82	28.63	30.52	31.83	34.02	36.99
20.11	23.69	25.11	25.90	26.97	29.22	30.52	31.96	34.28	37.42
20.57	23.88	25.16	26.21	27.15	29.31	30.65	32.14	34.74	37.43
20.42	23.92	25.19	26.25	27.42	29.42	30.79	32.37	35.12	37.78
21.70	24.18	25.27	26.32	27.54	29.85	31.02	32.52	35.50	38.25
21.74	24.25	25.35	26.34	27.61	30.14	31.08	32.79	35.74	39.57
21.95	24.53	25.35	26.35	27.74	30.18	31.19	32.81	35.83	39.57

表 6-33　骨料棱角性不一致试件的弹性模量数值模拟结果(MPa)

18 796	22 225	23 541	25 037	26 732	28 439	29 559	32 508	34 325	36 966
19 622	22 409	23 862	25 154	26 825	28 496	29 762	32 268	34 334	36 967
19 946	22 454	23 880	25 358	26 838	28 543	29 810	33 088	34 710	39 009
20 483	22 587	23 899	25 450	27 331	28 757	29 992	33 163	35 688	39 201
20 843	22 870	23 909	25 617	27 651	28 843	30 563	33 576	35 821	39 358
20 945	22 878	24 203	25 685	27 707	28 847	30 733	33 655	36 196	39 384

续　表

21 218	22 931	24 144	25 726	27 885	28 950	31 155	33 777	36 196	39 456
21 273	23 074	24 476	25 868	27 975	29 071	31 747	34 087	36 460	40 593
21 442	23 193	24 593	25 918	28 232	29 231	31 850	34 166	36 876	41 255
21 856	23 449	24 790	26 701	28 402	29 324	32 102	34 169	36 876	44 341

表 6-34　骨料棱角性不一致试件的泊松比数值模拟结果

0.134	0.172	0.179	0.187	0.195	0.200	0.206	0.211	0.219	0.241
0.146	0.173	0.179	0.187	0.195	0.200	0.206	0.211	0.220	0.242
0.147	0.175	0.180	0.187	0.197	0.200	0.206	0.211	0.224	0.245
0.149	0.175	0.180	0.188	0.197	0.201	0.207	0.213	0.225	0.250
0.157	0.175	0.182	0.189	0.197	0.203	0.207	0.213	0.230	0.256
0.161	0.176	0.183	0.189	0.198	0.203	0.208	0.215	0.231	0.259
0.166	0.176	0.183	0.189	0.198	0.204	0.208	0.215	0.233	0.262
0.167	0.178	0.184	0.190	0.198	0.204	0.210	0.217	0.235	0.276
0.168	0.178	0.185	0.191	0.199	0.205	0.210	0.218	0.239	0.277
0.171	0.178	0.187	0.192	0.199	0.205	0.210	0.218	0.240	0.294

混凝土各项力学性能指标的柱状分布图分别如图 6-38(a)—(d)所示,可以发现各参数可能服从正态分布。因此假设各项力学性能指标 X 服从正态分布 H_0：$X \sim N(\mu, \sigma^2)$。分别对各项力学指标进行显著性水平 $\alpha = 0.05$ 下的正态分布检验,结果见表 6-35 所示。可以发现,混凝土的轴心受拉强度、轴心受压强度、弹性模量及泊松比也均服从正态分布,各项力学性能指标的概率密度分布函数分别如图 6-38(a)—(d)所示。

表 6-35　骨料棱角性不一致试件各项力学性能指标的 χ^2 检验结果

力学性能指标	样本分区数量 n	样本观测值 χ^2	临界值 $\chi^2_{0.95}$	接受或拒绝 H_0
轴心受拉强度	10	7.04	14.07	接受
轴心受压强度	5	2.62	5.99	接受
弹性模量	7	7.04	9.49	接受
泊松比	7	8.78	9.49	接受

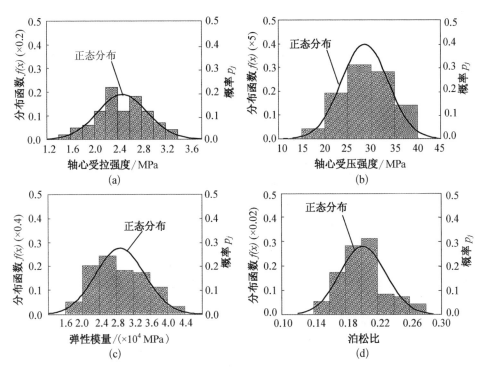

图 6 - 38　骨料棱角性不一致试件的各项力学指标的概率统计分布

通过以上研究发现,无论是骨料表面粗糙度不均匀,还是轴长比或棱角性不一致,均导致混凝土材料的各项力学性能指标服从正态分布,这也验证了实验室中普遍接受的一种观点,即混凝土强度是随机变量,且基本成正态分布。

最后,为了解各因素对混凝土材料力学性能随机性的影响程度,假设骨料的随机分布、表面粗糙度、轴长比和棱角性对混凝土材料力学性能的影响相互独立。则因骨料轴长比或棱角性的不一致而产生的混凝土各项力学性能指标的变异系数可由式(6 - 6)计算获得:

$$C_v^b = C_v - C_v^a \tag{6-6}$$

式中,C_v^b——因骨料轴长比或棱角性的不一致而产生的混凝土各项力学性能指标的变异系数;

$\quad\quad C_v^a$——因骨料随机分布而产生的混凝土各项力学性能指标的变异系数;

$\quad\quad C_v$——因骨料随机分布和轴长比(或棱角性)不一致共同影响而产生的混凝土各项力学性能指标的变异系数。

图 6 - 39 显示了分别由于骨料的分布位置、表面粗糙度、轴长比及棱角性的

不均匀性而产生的混凝土材料各项力学性能指标的变异系数,以此来反映各因素对混凝土材料力学性能随机性的影响程度。图中 f_t、f_c、E_c 及 v_c 分别表示混凝土材料的轴心受拉强度、轴心受压强度、弹性模量及泊松比。

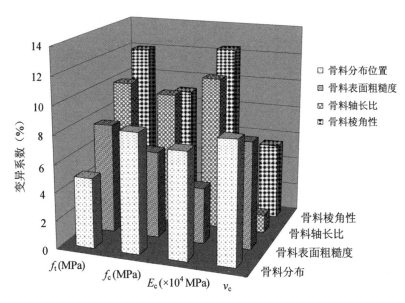

图 6‐39　混凝土宏观材料力学性能指标离散程度比较

　　从图 6‐39 中可看出,混凝土的各项力学性能指标的离散程度均受到骨料的分布位置、表面粗糙度、轴长比及棱角性的影响。例如,① 对于混凝土的轴心受拉强度而言,骨料棱角性对其离散程度的影响最大,其次是骨料轴长比,而骨料分布位置的影响最小;② 对于混凝土的轴心受压强度而言,骨料轴长比对其离散程度的影响稍大于骨料棱角性和骨料分布位置的影响,而骨料表面粗糙度的影响最小;③ 对于混凝土的弹性模量而言,对其离散程度影响最大的是骨料棱角性,其次是骨料轴长比,而骨料表面粗糙度的影响依然最小;④ 对于混凝土的泊松比而言,骨料分布位置对其离散程度的影响最大,其次分别是骨料表面粗糙度和棱角性,而轴长比的影响最小。

6.7　本章小结

　　本章利用改进的二维混凝土细观力学模型对混凝土材料的破坏过程进行了

数值分析,分别研究了骨料表面粗糙度、轴长比 AR 及棱角性参数 $Angularity$ 对混凝土力学性能的影响,并将数值结果与试验结果进行了比较。对比结果表明,选取合理的离散方法及相应的分析参数,可以较好地模拟混凝土材料的破坏过程,并正确反映骨料表面粗糙度、轴长比 AR 及棱角性参数 $Angularity$ 对混凝土力学性能的影响。上述数值分析表明,本书所提出的改进的混凝土细观力学模型可以作为研究骨料表面粗糙度及骨料形状对混凝土力学性能影响的分析工具。

通过改变骨料级配,采用改进的细观力学模型对混凝土材料的轴心受拉及轴心受压过程进行了分析。研究结果表明:

(1) 随着骨料表面粗糙度的增加,混凝土的轴心受拉、受压及弹性模量有所提高,但是提高幅度不断减小,而泊松比的变化不明显;

(2) 随着骨料轴长比 AR 或棱角性参数 $Angularity$ 的增加,混凝土的轴心受拉、受压、弹性模量不断降低,泊松比变化较小;并且棱角性参数 $Angularity$ 的不利影响更加明显。

最后,利用数值模型研究了骨料表面粗糙度的不均匀性、轴长比及棱角性的不一致性对混凝土材料宏观力学随机性的影响。统计分析发现,当粗骨料表面粗糙度不均匀、轴长比或棱角性不一致时,混凝土的轴心受拉强度、轴心受压强度、弹性模量和泊松比的变化规律均近似服从正态分布。同时发现,骨料棱角性对混凝土轴心受拉强度变异性的影响最大,而骨料轴长比对混凝土轴心受压强度变异性的影响最明显。另外,骨料棱角性和轴长比均是导致混凝土弹性模量产生变异性的主要因素,而骨料分布位置对混凝土泊松比变异性的影响最大。

综上可以发现,骨料形状越接近于球体,骨料的轴长比及棱角性参数越小,则对应的混凝土材料的力学性能越好。

第7章

结论与展望

7.1 主要研究结论

本书以混凝土材料作为研究对象,以粗骨料表面粗糙度、轴长比及棱角性对混凝土力学性能影响为研究目标,通过界面力学性能试验、混凝土材料力学性能试验基于离散单元法的混凝土细观数值分析,得出了以下主要结论。

(1) 基于界面力学性能试验建立了骨料表面粗糙度与界面粘结抗拉、粘结抗剪之间的定量关系。试验表明:① 利用三维光学扫描仪能够合理量化骨料的表面粗糙度,利用颚式破碎机获得的花岗岩及玄武岩粗骨料的表面粗糙度分别服从正态分布和对数正态分布;② 界面粘结抗拉、抗剪随着骨料表面粗糙度的增大而提高,最终趋于恒定值;③ 当压应力比(界面的法向压应力与水泥砂浆轴心受压强度)超过 0.6 以后,界面破坏表现为受压破坏,主要由水泥砂浆抗压强度控制;④ 界面粘结的内摩擦角随着骨料表面粗糙度的增大变化较小,介于 30°～40°之间,取值为 35°;⑤ 花岗岩骨料与水泥砂浆之间的界面粘结强度最高,石灰岩次之,而玄武岩最低;⑥ 花岗岩、玄武岩粗骨料与水泥砂浆间界面的粘结抗拉强度和内黏聚力均服从 weibull 分布。

(2) 利用所设计的试验装置获取了花岗岩碎石粗骨料的轮廓,并通过 Image pro-plus 和 Matlab 软件获得了骨料的形状参数及棱角性参数:① 统计分析发现:花岗岩粗骨料的形状参数 AR、FI 服从对数正态分布,SPH 及 FER 服从正态分布,而 R 和 $Area\ ratio$ 既服从正态分布,同时也服从对数正态分布;棱角性参数 RAI 服从对数正态分布,$Angularity$ 服从正态分布,而 AI 既服从正态分布,同时也服从对数正态分布;② 对各形状参数及棱角性参数进行线性相关性检验发现,AR(或 FER)与 $Angularity$ 可作为同组参数分别表征骨料的轮廓形状和棱角性而不相互影响；③ 花岗岩粗骨料混凝土的力学试验结果表明，混凝土劈裂抗拉强度随着花岗岩碎石粗骨料 *AR* 的增加先提高而后降低，却随着 *Angularity* 的增加而不断下降。另外，混凝土的轴心受压强度随着花岗岩粗骨料 *AR* 的增加而不断下降。同时，随着花岗岩粗骨料 *Angularity* 的增加有所降低。

（3）利用高硼硅玻璃制作了具有不同表面粗糙度、轴长比及棱角性参数的粗骨料，通过相应的混凝土材料力学性能试验发现：① 随着骨料表面粗糙度的增加，混凝土的劈裂抗拉强度、轴心受压强度、弹性模量不断提高，但提高幅度不断减小，而泊松比几乎不变；② 随着骨料轴长比 *AR*、棱角性参数 *Angularity* 的增加，混凝土的劈裂抗拉强度、轴心受压强度及弹性模量不断降低，而泊松比变化很小；③ 球形粗骨料对应的混凝土试件的力学性能最佳。

（4）在原有的二维混凝土细观力学模型基础上，实现了任意多边形、椭圆形及正多边形骨料的随机生成，并通过控制骨料轴长比及骨料相邻边夹角避免了奇异骨料的产生，最后通过网格点的状态对骨料的重叠状况进行快速判断。

（5）基于混凝土细观力学模型对混凝土材料的破坏过程进行了分析及拓展数值研究，并考虑了粗骨料表面粗糙度、轴长比及棱角性参数的影响，研究结果表明：① 随着骨料表面粗糙度的增加，混凝土中界面力学强度得到提高，从而延缓了界面裂缝的开展，最终提高了混凝土的力学性能；② 随着粗骨料轴长比的增加，混凝土中界面的长度增加，导致界面裂缝数量增多且更容易贯通，最终降低了混凝土的力学性能；③ 随着粗骨料棱角性参数 *Angularity* 的增大，混凝土中骨料周边的应力集中现象更加明显，且界面的长度也增加，二者均导致界面裂缝数量增多，从而降低了混凝土材料的力学性能；④ 数值结果还表明，相对于粗骨料轴长比 *AR*，棱角性参数 *Angularity* 对混凝土材料力学性能的不利影响更明显，且与试验结果相同，球形骨料对应的混凝土的力学性能最佳；⑤ 通过数值模拟和统计分析发现，骨料表面粗糙度、轴长比或棱角性的不均匀性是引起混凝土材料力学性能指标出现变异性的重要原因，且混凝土的轴心受拉强度、轴心受压强度、弹性模量和泊松比的变化规律均近似服从正态分布。

7.2　不足及展望

粗骨料作为混凝土的重要组成部分，对混凝土力学性能的影响非常复杂，本书通过试验和数值分析,在一定程度上解释了骨料的表面粗糙度、轮廓形状及棱角性对混凝土力学性能影响机理,但本书的工作只是对这一复杂问题分析的尝试,只进行了基础性和探索性的研究,仍有许多有待进一步研究的工作:

(1) 对各种常用的真实粗骨料表面粗糙度进行更完整和深入的研究,基于微观层次观察不同表面粗糙度的粗骨料与水泥砂浆间界面的形成过程及结构上差异,以进一步研究表面粗糙度对界面力学或物理性能的影响。

(2) 利用先进的相关技术(如 CT 扫描),研究具有不同形状骨料的混凝土内部裂缝的开展过程,以进一步验证本书数值模拟结果的合理性。

(3) 建立三维混凝土细观力学模型。利用二维平面模型来研究混凝土的破坏过程存在局限性,例如,难以反映粗骨料在真实混凝土中的分布位置;无法研究混凝土双向受压或三轴受力的情况等。

(4) 开展其他混凝土类型的细观层次研究,如再生混凝土、大体积混凝土、高强混凝土等,也是很有意义的工作。

参考文献

[1] Wittman F H. Structure of concrete with respect to crack formation [A]//Wittman F H. Structure of Concrete with Respect to Crack Formation [C]. Newtherland, Elsevier Science Publishers, 1989: 43 - 74.

[2] Mindess S. Tests to determined the mechanical properties of the interfacial zone[A]. RILEM Report 11. London: E&FNSPON, 1996: 47 - 63.

[3] Mindess S. Bonding in cementious composites: how important is it? [A]//Mindess S, Shah S P. Bonding in Cementieiouos Coposites[C]. Pittsburgh: Materials Research Society, 1988, 114: 3 - 10.

[4] Farran J. Introduction: the transition zone—discovery and development. ITZ in concrete[R]//RILEM report 11. London: E&FN Spon, 1996.

[5] Garboczi E J, Arboczi E J, Bentz D P. Digital simulation of the aggregate-cement paste interfacial zone in concrete[J]. Journal of Materials Research, 1991, 6(2): 196 - 201.

[6] Karen L S, Alison K C, Peter L. The Interfacial Transition Zone (ITZ) between cement paste and aggregate in concrete[J]. Interface Science, 2004, 12(4): 411 - 421.

[7] Akçaoğlu T, Tokyay M, Çelik T. Effect of coarse aggregate size on ITZ and failure behavior of concrete under uniaxial compression[J]. Materials Letters, 2002, 57: 828 - 833.

[8] Akçaoğlu T, Tokyay M, Çelik T. Effect of coarse aggregate size and matrix quality on ITZ and failure behavior of concrete under uniaxial compression[J]. Cement and Concrete Composites, 2004, 26: 633 - 638.

[9] Akçaoğlu T, Tokyay M, Çelik T. Assessing the ITZ microcracking via scanning electron microscope and its effect on the failure behavior of concrete[J]. Cement and Concrete Research, 2005, 35: 358 - 363.

[10] Rangaraju R P, Olek J, Diamond S. An investigation into the influence of inter-aggregate spacing and the extent of the ITZ on properties of Portland cement concretes

[J]. Cement and Concrete Research, 2010, 40(11): 1601 - 1608.

[11] Darwin D. The interfacial transition zone: "Direct" evidence on compressive response [A]//Diamond S, Mindess S, Glasser F P, et al. Microstructure of Cement-Based System/Bonding and Interfaces in Cementitious Materials[C]. Materials Research Society Symposium Proceedings, 1995, 370: 419 - 427.

[12] Bentur A, Alexander M G. A review of the work of the RILEM TC 159 - ETC: Engineering of the interfacial transition zone in cementitious composites[J]. Materials and Structures, 2000, 33: 82 - 87.

[13] Prokopski G, Halbiniak J. Interfacial transition zone in cementitious materials[J]. Cement and Concrete Research, 2000, 30(4): 579 - 583.

[14] Morin V, Moevus M, Brugger I D, et al. Effect of polymer modification of the paste-aggregate interface on the mechanical properties of concretes[J]. Cement and Concrete Research, 2011, 41: 459 - 466.

[15] Rao G A, Prasad B K R. Influence of interface properties on fracture behavior of concrete[J]. Indian Academy of Sciences, 2011, 36(part 2): 193 - 208.

[16] Rao G A, Prasad B K R. Influence of the roughness of aggregate surface on the interface bond strength[J]. Cement and Concrete Research, 2002, 32(2): 253 - 257.

[17] Van Mier J G M, Vervuurt A. Test methods and modeling for determining the mechanical properties of the ITZ in concrete [A]//Engineering and Transport Properties of the Interfacial Transition Zone in Cementitious Composites[C]. ENS Cachan: RILEM Publication SARL, 1999: 19 - 52.

[18] Mohamed A R, Hansen W. Micromechanical modeling of crack-aggregate interaction in concrete materials[J]. Cement and Concrete Composites, 1999, 21(5): 349 - 359.

[19] Hsu T T C, Slate F O. Tensile bond strength between aggregate and cement paste or mortar[J]. Journal of the ACI, 1963, 60(4): 465 - 485.

[20] Taylor M A, Broms B B. Shear bond strength between coarse aggregate and cement paste or mortar[J]. Journal of ACI, 1964, 61(8): 939 - 956.

[21] Kosaka Y, Tanigawa Y, Oota F. Effect of coarse aggregate on fracture of concrete (part 1): Model Analysis[J]. Transactions of the Architectural Institute of Japan, 1975, 228: 1 - 11(in Japanese).

[22] Kosaka Y, Tanigawa Y, Oota F. Effect of coarse aggregate on fracture of concrete (part 2): Study on microscopic observation[J]. Transactions of the Architectural Institute of Japan, 1975, 231: 1 - 11(in Japanese).

[23] Kosaka Y, Tanigawa Y, Oota F. Effect of coarse aggregate on fracture of concrete (part 3): Study on stress-strain curve of concrete [J]. Transactions of the

Architectural Institute of Japan, 1975, 233: 21 - 32(in Japanese).

[24] 刘元湛,杨培怡,张承翼,等. 水泥浆体-集料界面的粘结强度[J]. 硅酸盐学报,1988, 16(4): 289 - 295.

[25] Tasong W A, Lynsdale C J, Cropps J C. Aggregate-cement paste interface Part I. Influence of aggregate geochemistry[J]. Cement and Concrete Research, 1999, 29(7): 1019 - 1025.

[26] Rao G A, Prasad B K R. Influence of the roughness of aggregate surface on the interface bond strength[J]. Cement and Concrete Research, 2002, 32(2): 253 - 257.

[27] Aquino M J, Li Z J, Shah S P. Mechanical Properties of the Aggregate and Cement Interface[J]. Advanced Cement Based Materials,1995,2: 211 - 223.

[28] Caliskan S. Aggregate/mortar interface: influence of silica fume at the micro-and macro-level[J]. Cement and Concrete Composites, 2003, 25(4 - 5): 557 - 564.

[29] Gu X L, Hong L, Wang Z L, et al. Experimental study and application of mechanical properties for the interface between cobblestone aggregate and mortar in concrete[J]. Construction and Building Materials, 2013, 46: 156 - 166.

[30] Pan T, Tutumluer E. Quantification of coarse aggregate surface texture using image analysis[J]. Journal of Testing and Evaluation, 2007, 35(2): 177 - 186.

[31] Rangaraju R P, Olek J, Diamond S. An investigation into the influence of inter-aggregate spacing and the extent of the ITZ on properties of Portland cement concretes [J]. Cement and Concrete Research, 2010, 40(11): 1601 - 1608.

[32] Gu X L, Hong L, Wang Z L, et al. A modified rigid-body-spring concrete model for prediction of initial defects and aggregates distribution effect on behavior of concrete [J]. Computational Materials Science, 2013, 77: 355 - 365.

[33] Mehta P K, Monteiro P J M. Concrete: Microstructure, properties, and materials [M]. 3rd Ed. New York: McGraw-Hill, 2006.

[34] Frazao E B, Sbrighi N C. The influence of the shape of the coarse aggregate on some hydraulic concrete properties [J]. Bulletin of the International Association of Engineering Geology, 1984, 22(1): 221 - 224.

[35] Saouma V E, Broz J J, Bruhwiler E, et al. Effect of aggregate and specimen size on fracture properties of dam concrete[J]. Journal of Materials in Civil Engineering, 1991, 3(3): 204 - 218.

[36] Donza H, Cabrera O. The influence of kinds of fine aggregate on mechanical properties of high strength concrete [C]//Proceedings of 4th international symposium of high-strength/high-performance concrete, 1996, 2: 153 - 160.

[37] Guinea G V, El-Sayed K, Rocco C G, et al. The effect of the bond between the matrix

and the aggregates on the cracking mechanism and fracture parameters of concrete[J]. Cement and Concrete Research, 2002, 32(12): 1961 - 1970.

[38] Li Q, Deng Z, Fu H. Effect of aggregate type on mechanical behaviour of dam concrete[J]. ACI Material Journal, 2004, 101(6): 483 - 492.

[39] Rocco C G, Elices M. Effect of aggregate shape on the mechanical properties of a simple concrete[J]. Engineering Fracture Mechanics, 2009, 76(2): 286 - 298.

[40] 黄晓峰. 粗骨料形状对混凝土物理和力学性能的影响[D]. 浙江工业大学, 2010.

[41] Jmakar S S, Rao C B K. Index of aggregate particle shape and texture of coarse aggregate as a parameter for concrete mix proportioning [J]. Cement Concrete Research, 2004, 34(11): 2021 - 2027.

[42] Alexander M G. Role of aggregates in hardened concrete[A]//Skalny J P. Material science of concrete V[C]. Ohio: American Ceramic Society, 1989: 119 - 147.

[43] 钱春香, 黄蓓, 董华. 集料尺寸和形状及掺合料对混凝土界面的影响[J]. 东南大学学报: 自然科学版, 2009, 39(4): 840 - 843.

[44] Bazant Z P, Tabbara M R, et al. Random particle models for fracture of aggregate of fiber composites[J]. Journal of Engineering Mechanics, 1990, 116(8): 1686 - 1709.

[45] Schlangen E, Garbocai E J. Fracture simulation of concrete using lattice models: computational aspects[J]. Engineering Fracture Mechanics, 1997, 57(2/3): 319 - 322.

[46] Nagai K, Sato Y, Ueda T. Mesoscopic Simulation of Failure of Mortar and Concrete by 2D RBSM[J]. Journal of Advanced Concrete Technology, 2004, 2(3): 359 - 374.

[47] 彭国军, 郑建军, 周琼颖. 考虑骨料形状时氯离子扩散系数的数值模拟方法[J]. 水利水电科技进展, 2009, 29(6): 13 - 16.

[48] Nagai K, Sato Y, Ueda T. Three-dimensional numerical simulation of mortar and concrete model failure in meso level by Rigid Body Spring Model[J]. Journal of Structural Engineering, 2004, 50A: 167 - 178.

[49] Donze F V, Magnier S A, Daudeville L, et al. Numerical study of compressive behavior of concrete at high strain rates[J]. Journal of Engineering Mechanics, 1999, 125(10): 1154 - 1163.

[50] 秦川, 郭长青, 张楚汉. 基于背景网格的混凝土细观力学预处理方法[J]. 水利学报, 2011, 42(8): 941 - 948.

[51] Wang Z M, Kwan A K H, Chan H C. Mesoscopic study of concrete I: generation of random aggregate structure and finite element mesh[J]. Computers and Structures, 1999, 70(5): 533 - 544.

[52] 张剑, 金南国, 金贤玉, 郑建军. 混凝土多边形骨料分布的数值模拟方法[J]. 浙江大学学报: 工学版, 2004, 38(5): 581 - 585.

［53］ Leite L P B, Slowik V, Mihashi H. Computer simulation of fracture processes of concrete using mesolevel models of lattic structures［J］. Cement and Concrete Research，2004，34(6)：1025 - 1033.

［54］ 高政国,刘光延. 二维混凝土随机骨料模型研究［J］. 清华大学学报：自然科学版，2003,43(5)：710 - 714.

［55］ 唐欣薇,张楚汉.基于改进随机骨料模型的混凝土细观断裂模拟［J］.清华大学学报：自然科学版,2008,48(3)：348 - 351,356.

［56］ 刘光延,高政国. 三维凸形混凝土骨料随机投放算法［J］.清华大学学报：自然科学版，2003, 43(8)：1120 - 1123.

［57］ 孙立国,杜成斌,戴春霞.大体积混凝土随机骨料的数值模拟［J］.河海大学学报：自然科学版,2005,33(3)：291 - 295.

［58］ 杜成斌,孙立国. 任意形状的混凝土骨料的数值模拟和应用［J］.水利学报,2006,37(6)：662 - 667.

［59］ 马怀发,芈书贞,陈厚群.一种混凝土随机凸多边形骨料模型生成方法［J］.中国水利水电科学研究院学报, 2006,4(3)：196 - 201.

［60］ 李运成,马怀发,陈厚群,等. 混凝土随机凸多面体骨料模型生成及细观有限元剖分［J］.水利学报,2006,37(5)：588 - 591.

［61］ 李建波,林皋,陈健云.随机凹凸形骨料再混凝土细观数值模型中配置算法研究［J］.大连理工大学学报,2008,48(6)：869 - 874.

［62］ 付兵,李建波,林皋,等.基于真实骨料形状库的混凝土细观数值模型［J］.建筑科学与工程学报,2010,27(2)：10 - 17.

［63］ Krumbein W C. Measurement and geological significance of shape and roundness of sedimentary particles［J］. Journal of Sedimentary Petrology, 1941,11：64 - 72.

［64］ Rittenhouse G. A visual method of estimating two-dimensional Sphericity［J］. Journal of Sedimentary Petrology, 1943,13：79 - 81.

［65］ 徐文杰,岳中琦,胡瑞林.基于数字图像的土、岩和混凝土内部结构定量分析和力学数字计算的研究进展［J］.工程地质学报,2007,15(3)：289 - 313.

［66］ Barrett P J. The shape of rock particles，a critical review［J］. Sedimentology, 1980, 27：291 - 303.

［67］ Kenneth. R C 数字图像处理［M］.朱志刚 译.北京：电子工业出版社,2000.

［68］ Kwan A K H, Mora C F, Chan H C. Particle shape analysis of coarse aggregate using digital image processing［J］. Cement and Concrete, 1999，29：1403 - 1410.

［69］ Mora C F, Kwan A K H. Sphericity, shape factor, and convexity mensurement of coarse aggregate for concrete using digital image processing［J］. Cement and Concrete, 2000，30：351 - 358.

[70] Rao C, Tutumluer E, Stefanski J A. Coarse aggregate shape and size properties using a new image analyzer[J]. Journal of Testing and Evaluation, 2001, 29(5): 461-471.

[71] Rao C, Tutumluer E, Kim I T. Quantification of coarse aggregate angularity based on image analysis[J]. Transportation Research Record, 2002, 1787: 117-124.

[72] Kuo C Y. Correlating permanent deformation characteristics of hot mix asphalt with aggregate geometric irregularities[J]. Journal of Testing and Evaluation, 2002, 30(2): 136-144.

[73] Masad E. Unified imaging approach for measuring aggregate angularity and texture [J]. Computer-Aided Civil and Infrastructure Engineering, 2000, 15: 273-180.

[74] Mahmoud E, Gates L, Masad E, et al. Comprehensive evaluation of AIMS texture, angularity and dimension measurements[J]. Journal of Materials in Civil Engineering, 2010, 22(4): 369-379.

[75] Wang L B, Wang X R, Mohammad L, et al. Unified method to quantify aggregate shape angularity and texture using fourier analysis[J]. Journal of Materials in Civil Engineering, 2005, 17(5): 498-504.

[76] Bangaru R S, Das A. Aggregate shape characterization in frequency domain [J]. Construction and Building materials, 2012, 34: 554-550.

[77] Fernlund J M R. Image analysis method for determining 3-D shape of coarse aggregate[J]. Cement and Concrete Research, 2005, 35: 1629-1637.

[78] Pan T Y, Tutumluer E. Quantification of coarse aggregate surface texture using image analysis[J]. Journal of Testing and Evaluation, 2005, 35(2): 1-10.

[79] Zhang D, Huang X M, Zhao Y L. Investigation of the shape, size, angularity and surface texture properties of coarse aggregates [J]. Construction and Building Materials, 2012, 34: 330-336.

[80] Al-Rousan T . Characterization of aggregate shape properties using a computer automated system[D]. Texas A&M U, 2004.

[81] Al-Rousan T, Masad E, Tutumluer E and Pan T, Evaluation of image analysis techniques for quantifying aggregate shape characteristics [J]. Construction and Building Materials, 2007, 21: 978-990.

[82] Pan T Y, Liu Y J, Tutumluer E. Microstructural mechanisms of early age cracking behavior of concrete: Fracture energy approach[J]. Journal of Engineering Mechanics, 2011, 137(6): 439-446.

[83] Garboczi E J. Three-dimensional mathematical analysis of particle shape using X-ray tomography and spherical harmonics: application to aggregates used in concrete. Cement and Concrete Research, 2002, 32: 1621-1628.

[84] Alexander M G, Mindess S, Diamond S, et al. Properties of paste-rock interfaces and their influence on composite behavior[J]. Material Structure, 1995, 28(9): 497-506.

[85] 关国强. 表面粗糙度检测技术发展概述[J]. 工具技术, 2004, 2: 42-43.

[86] 中华人民共和国国家标准, 表面粗糙度参数及其数值(GB/T 1031-1995)[S]. 北京: 中国标准出版社, 1995.

[87] 李岩, 花国梁. 精密测量技术[M]. 北京: 中国计量出版社, 2001.

[88] Thomas T R. Trends in surface roughness. International Journal Machine Tool and Manufacturing, 1998, 38(5-6): 405-411.

[89] 毛起广. 表面粗糙度的评定和测量[M]. 北京: 机械工业出版社, 1991.

[90] 刘斌, 冯其波, 匡萃方. 表面粗糙度测量方法总数[J]. 光学仪器, 2004, 26(5): 54-58.

[91] 《计量测试技术手册》编辑委员会. 计量测试技术手册(第二卷几何量)[M]. 北京: 中国计量出版社, 1997.

[92] Rastogi P K. Optical Measurement Techniques and Applications [M]. Artech House, 1997.

[93] 唐文彦, 张军. 触针法测量表面粗糙度的发展及现状[J]. 机械工艺师, 2000, 11: 40-41.

[94] 郑俊丽, 赵学普, 周莉莉. 表面粗糙度的激光非接触检测方法[J]. 激光与红外, 2005, 35(3): 148-150.

[95] Dongmo S, Vantrot P, Bonnet N, et al. Correction of surface roughness measurements in SPM imaging[J]. Applied Physics: A Materials Science and Processing, 1998, 66 (S1): 819-823.

[96] Binnig G, Quate C F, Gerder C H. A tomic Force microscope[J]. Physical Review Letters, 1986, 56(9): 930-933.

[97] Bariani P, Chiffre L D, Hansen H N, et al. Investigation on the traceability of three dimensional scanning electron microscope measurements based on the stereo-pair technique[J]. Precision Engineering, 2005, 29(2): 219-228.

[98] 陈晓梅, 龙祖红. 干涉显微镜测量表面粗糙度条纹的自动处理[J]. 光子学报, 1993, 1 (11): 1040-1044.

[99] 周书铨. 表面粗糙度光纤传感器研究[J]. 光子学报, 1995, 24(2): 148-151.

[100] 王政平, 张锡芳, 张艳娥. 表面粗糙度光学测量方法研究进展[J]. 传感器与微系统, 2007, 26(9): 4-6.

[101] TR200表面粗糙度仪[Z]. http://www.shidai-ndt.com(北京时代锐达科技有限公司)

[102] Benjamin J R, Cornell C A. Probability Statistics and Decision for Civil Engineers [M]. New York: McGraw Hill, 1970.

[103] 中华人民共和国国家标准,建筑砂浆基本性能试验方法标准(JGJ/T 70 - 2009)[S]. 北京:中国标准出版社,2009.

[104] SHJ - 40 饰面砖及混凝土粘结强度检测仪使用说明[S].

[105] 王卓琳. 基于离散单元法的混凝土细观力学模型及其应用[D]. 同济大学,2009.

[106] 潘承毅,何迎晖. 数理统计的原理与方法[M]. 上海:同济大学出版社,1992.

[107] 史道济. 实用极值统计方法[M]. 天津:天津科学技术出版社,2006.

[108] 中华人民共和国国家标准,普通混凝土力学性能试验方法标准(GB/T 50081 - 2002) [S]. 北京:中国标准出版社,2002.

[109] 中华人民共和国国家标准,钢丝网水泥用砂浆力学性能试验方法泊松比试验(GB/T 7897.7 - 1990)[S]. 北京:中国标准出版社,1990.

[110] 林辉. 基于数字图像处理技术的粗集料形状特征量化研究[D]. 湖南大学,2007.

[111] 王耀南,李树涛,毛建旭. 计算机图像与识别技术[M]. 北京:高等教育出版社,2001.

[112] Masad E, Olcott D, White T, et al. Correlation of fine aggregate imageing shape indices with asphalt mixture performance[J]. Transportation Research Record,2001, 1757:148 - 156.

[113] Kuo C Y, Frost J D, Lai J S, et al. Three-dimensional image analysis of aggregate particles from orthogonal projections[J]. Transportation Research Record, 1996, 1526:98 - 103.

[114] Kuo C Y, Rolling R S, Lynch L N. Morphological study of coarse aggregates using image analysis[J]. Journal of Materials in Civil Engineering,1998,10(3):135 - 142.

[115] Mora C F. Particle size and shape analysis of coarse aggregate using digital image processing[D]. Ph. D. Dessertation. The University of HongKong,2000.

[116] Chandan C, Sivakumar K, Fletcher T, et al. Application of imaging techniques to geometry analysis of aggregate particles [J]. Journal of Computing in Civil Engineering, 2004, 18(1):75 - 82.

[117] Masad E, Sivakumar K. Advances in the characterization and modeling of civil engineering materials using imaging techniques[J]. Journal of Computing in Civil Engineering, 2004, 1. (Editorial).

[118] Media Cybernetics 公司中国官网[Z]. http://www.mediacy.com.cn.

[119] 黄晓峰. 粗骨料形状对混凝土物理和力学性能的影响[D]. 浙江大学,2010.

[120] Kim S M, Al-Rub R K A. Meso-scale computational modeling of the plastic-damage response of cementitious composites [J]. Cement and Concrete Research, 2011, 41: 339 - 358.

[121] 顾祥林. 混凝土结构基本原理[M]. 2 版. 上海:同济大学出版社,2011.

[122] O'Rourke J. Computational Geometry in C (second editorial) [M]. London:

Cambridge University Press，1994.

[123] Walraven J C，Reinhardt H W. Theory and experiments on the mechanical behavior of cracks in plain and reinforced concrete subjected to shear loading［J］. Heron，1991，26(1A)：26 - 35.

[124] Shreider Y A. The Monte Carlo method（The method of statistical trials）［M］. Oxford：Pergamon Press，1996.

[125] Metropolis N，Ulam S. Monte Carlo method［J］. Journal of the American Statistical Association，1949，44：335 - 341.

[126] Taussky O，Todd J. Generation and testing of pseudorandom numbers［A］//Meyer H A. Symposium on Mento Carlo methods［C］. New York：Wiley，1956.

[127] Lehmer D H. Mathmatical methods in largescale computing units［C］. Proceeding of second Symposium on large-scale digital Caculating machinery，1949，141 - 146.

[128] 布斯连科.统计试验法(蒙特卡罗法)及其在电子数字计算机上的实现［M］.王毓云，杜淑敏，译.上海：科学技术出版社，1964.

[129] Gopalaratnam V S，Shah S P. Softening response of plain concrete in direct tension ［J］. Journal of ACI，1985，82(3)：310 - 323.

[130] 王卓琳，顾祥林，林峰.水泥砂浆复合受力破坏准则的试验研究［J］.建筑材料学报，2011，14(4)：437 - 442.

[131] 王泳嘉，邢纪波.离散单元法及其在岩土力学中的应用［M］.沈阳：东北工学院出版社，1991.

[132] 邢纪波.梁-颗粒模型导论［M］.北京：地震工程出版社，1999.

[133] Otter J R H，Cassel A C，Hobbs R E. Dynamic relaxation［C］. Proceedings of the Institution of Civil Engineers. 1966，35，633 - 665.

[134] Gu X L，Jia J Y，Wang Z L，et al. Determination of mechanical parameters for elements in meso-mechanical models of concrete. Frontiers of Structural and Civil Engineering，2013，7(4)：391 - 401.

[135] Yang C C. Effect of the transition zone on the elastic moduli of mortar. Cement and Concrete Research，1994，28(5)：726 - 736.

[136] 过镇海，张秀琴.混凝土受拉应力-变形全曲线的试验研究［J］.建筑结构学报，1988，4：45 - 53.

后 记

　　本书根据我的博士学位论文修改而成。回首四年的求学历程，心中倍感充实，对那些引导我、帮助我、激励我的人充满了无限感恩，祝愿你们永远幸福。

　　首先诚挚地感谢我的导师顾祥林教授。本书的完成无不凝聚着先生的智慧和辛劳。先生渊博的学识、严谨的治学态度、宽以待人的高尚品德给予我终生受益无穷之道；先生循循善诱的教导和不拘一格的思路给予我无尽的启迪；先生那一句"方法总比困难多"鼓励我勇敢面对一切挑战。先生的教诲与鞭策将激励我在科学和教育的道路上励精图治，开拓创新。对先生的感激之情难以言喻。值此论文完成之际，谨向在学习和生活上教导、关心和帮助我的导师致以最诚挚的谢意！

　　我要以最诚挚的心意感谢我的副导师林峰副教授。在我刚刚进入同济大学的时候，是林老师细心地将我引入了鉴定加固与数值仿真研究室的学习氛围，并在他的悉心帮助下，成功地完成了我人生的第一篇 SCI 论文，这也使我对之后的博士学习生活充满了信心。

　　感谢鉴定加固与数值仿真研究室的张伟平老师、宋晓滨老师、陈涛老师、李翔老师和黄庆华老师，感谢你们认真听取我的每一次课题汇报，感谢你们给予的众多帮助和建议。

　　感谢鉴定加固与数值仿真研究室的所有师兄姐弟妹们，论文的完成，研究室诸同学给予了极大的帮助。而试验的完成，更离不开研究室诸同学的倾力相助。在此，对兄弟姐妹们道一声：谢谢了！与你们在一起的时光将是我记忆里最美的风景。

　　感谢工程结构耐久性试验室的每一位老师和工人师傅，在此，我不能一一列举出你们的名字来表达我的感激之情。可以说没有你们的辛劳，就不会有我今天的论文。

感谢国家自然科学基金对本课题的支持！感谢参与我论文评审工作的所有老师！

最后,感谢一如既往支持我的家人们!

洪 丽